學會2種麵糰，做出無限變化的鬆軟系麵包和酥脆系麵包

新手OK！若山曜子的麵包烘焙時光

若山曜子

前言

實際感受到剛出爐的麵包所帶來的幸福感，源自於留學時代。那個時候的早晨，隔壁麵包班的同學在烘烤學生餐用的麵包，老師給我們的麵包，是無法放入學生餐，稍微沒有烤好的麵包。和咖啡歐蕾搭配享用，大家一起大啖熱呼呼的麵包，開啟幸福的一天。

回家途中，住家旁邊的麵包店裡陳列著晚餐用的法國麵包，抱著剛出爐的麵包爬上樓梯，發出啪昔啪昔的聲響，在溫熱的麵包剖面塗上奶油享用。也很適合搭配紅酒，每天吃都不會膩的晚餐。

那個時候吃到的麵包如果說都是很可口美味的麵包，可能也不見得。但是，剛出爐的麵包香氣和柔軟的口感，那種在嘴裡擴散開來的幸福感，現在也依然記得很清楚。

前幾年無法外出的新年期間，對於年節料理已經吃膩了，想要吃一些剛出爐的麵包，試著烤一些以前做過的「免揉麵包」。依稀記得幾個食譜當成參考，決定配方之後將材料攪拌，隔天在準備晚餐之前的空檔試著烘烤，沒想到烤出驚人美味酥脆的麵包，兩個人一下子就把一個大麵包吃完了。從那個時候開始，剛出爐的麵包就重新回到我的日常。

有時候，編輯會這麼說：「製作麵包明明只需要麵粉、水和鹽等手邊可以取得的材料，做起來卻很困難。如果有可以快速做出麵包的食譜應該會很不錯」，或是「在家裡製作的麵包，只要能有普通等級的美味就可以了。在日常的例行公事中還是想要做麵包」。

「用放在餐桌上剛出爐的麵包，開啟幸福的一天。」啊，這麼說起來的話不就是我做的麵包嗎？可以的話，再多做一種鬆軟口感的麵包，就更完美了，

取出剛出爐的麵包，綻放出自然的笑容。

用放在餐桌上剛出爐的麵包，開啟幸福的一天。

像我超級喜歡的布里歐許……。但是，布里歐許需要揉進大量的奶油比較費工，熱量也很高。稍微再輕盈一點像奶油麵包捲這樣的麵包如何呢？柔軟、溫和的甜味，奶油香，剛出爐一定更美味。在這些想法的影響下不斷試作所做出來的成品，就是這本書裡介紹的不需要揉麵的鬆軟麵包。

晚飯後，快速地在調理碗計量材料，大概地攪拌。在洗澡、看電視或是收拾廚房的期間，放在室內靜置。睡前再放入冰箱冷藏。到這個步驟為止，和酥脆麵包的作法一樣。

經過一個晚上冷卻的麵糰，因為有放入奶油，成團硬化，方便操作是其特色。撕下麵糰，稍微用力揉圓（這個步驟雖然會比較耗費時間，但是對我來說，反而會有正在做麵包的心情，麵糰的觸感也很棒）。接著，在處理家事雜務的期間，將麵糰放在室內或是烤箱二次發酵，等麵糰膨脹之後再烘烤。

習慣這些步驟的話，做起來就像是洗米煮飯相同的步驟，可以輕鬆地操作。烘烤的時候，廚房會充滿香氣。

「如果有麵包的療癒，就可以忍受生活裡大部分的悲傷。」西班牙作家塞凡提斯（Cervantes）這麼說過，每一次烘烤麵包時，我則是認為，「如果有剛出爐的麵包，就可以開啟幸福的一天」。

若山曜子

Chapter.1 鬆軟系麵包

本書使用說明

- 1小匙是5㎖，1大匙是15㎖，1小撮指的是拇指、食指和中指抓起的份量。
- 主要使用的工具和材料，請參閱 p.110～p.111的「基本工具」、「基本材料」。
- 手粉、撒在刮板或是手上的麵粉、完成時撒上的麵粉均為份量外。請使用食譜裡的高筋麵粉或是中筋麵粉。
- 烘烤時間或溫度以瓦斯烤箱為基準。根據熱源或是機種，性能會有所差異，請根據使用的機種調整。
- 烤箱的預熱請參照各個食譜標示的時機操作。
- 加熱調理的火候，以使用瓦斯爐為基準。使用 I H 調理器具，請參考調理器具的標示。
- 電子微波爐以600 W 的款式為基準。如果是500 W 以1.2倍、700 W 以0.9倍的時間加熱。

CONTENTS

Chapter.2 酥脆系麵包

- 蔬菜水果如果沒有特別標示的話，請削皮去筋。
- 鹽使用天然鹽（Guérande的鹽・細顆粒），橄欖油使用特級初榨橄欖油。
- 奶油使用無鹽的款式。
- 附蓋的調理碗或是保存容器，請充分清洗乾淨，乾燥之後再使用。
- 後述有放入蜂蜜的食譜，香蕉花生醬手撕麵包（p.34）、全麥蜂蜜麵包（p.90）和生火腿醃紫高麗菜（p.105），請不要讓未滿1歲的幼兒食用。

用兩種麵糰製作而成的鬆軟系麵包和酥脆系麵包

鬆軟系麵包

表面
在表面塗上蛋液，
烤出具有光澤的質感。

剖面
顆粒細緻，
蓬鬆的感覺。

味道特徵

混合高筋麵粉和低筋麵粉，再加入具有大量油脂的奶油、牛奶和雞蛋等材料，就能做出鬆鬆軟軟的口感。溫潤甘甜、口感柔軟的麵包，除了可以用來做成點心麵包，也很適合做成維也納麵包或是雞蛋沙拉麵包等鹹食麵包。

麵糰特徵

放在冰箱冷藏慢慢發酵，麵糰做好之後8小時到24小時之間，都可以使用這個一次發酵的麵糰。配合想要烘烤的時間點，只取少量麵糰烘烤，或是將麵糰分成兩半，一半做成不同的麵包，可以隨意地延伸利用。

延伸變化無限

鬆軟麵包的麵糰，具有一度程度的柔軟度，容易操作，用麵糰包進餡料，在麵糰上放上食材，替換材料等等，可以自由地延伸變化。此外，不使用烤模的圓形麵包，用烘焙紙製作的簡易烤模，使用麵包盤或是調理盤烘烤等等，可以做出各式各樣的形狀。食材的搭配變化或是烤模的使用沒有限制，任何組合都可以享受製作麵包的樂趣。熟練之後，可以根據自己喜歡的食材或是烤模享受原創麵包的樂趣。

和放入奶油、雞蛋的鬆軟口感的鬆軟系麵包不同，
沒有放入任何油脂，表面酥脆、香氣十足是酥脆系麵包的特徵。
學會製作這兩種麵糰，不管是用餐或是點心，各種時機都可以享受剛出爐的麵包。

酥脆系麵包

表面
撒上麵粉，劃出切口（coupé），
烤出酥脆的表面。

剖面
有一些大氣泡，
濕潤具有彈性。

味道特徵

材料是法國麵包經常使用的專用粉，以及水、少量的砂糖、鹽和快速乾式酵母。外面酥脆、內裡濕潤，Q彈口感，可以搭配任何料理，很質樸的滋味。

麵糰特徵

和鬆軟系麵包一樣放在冰箱冷藏進行一次發酵。因為沒有放入很多促進發酵的糖分或是當成營養的材料，和鬆軟系麵包相比，發酵時間比較長。麵糰做好之後，10小時到24小時之間，可以使用這個一次發酵的麵糰。將一半麵糰烤成酥脆麵包，另一半則可以延伸變化烤成不同種類的麵包。

延伸變化無限

和鬆軟系麵包的麵糰相比，水分比較多，用手比較難操作成糰，基本上用刮板整成圓形，放入用烘焙紙做成的簡易烤模，或是厚鍋裡烘烤。烘焙紙烤模比起厚鍋，烘烤時間比較短，是其優點。厚鍋烘烤的話，麵糰延展性比較好，可以烤出具有高度的麵包，內裡濕潤，表面酥脆為其特徵。不管是哪一種麵包，烘焙紙烤模或是厚鍋都可以烘烤，請嘗試各種可能（厚鍋烘烤的食譜，如果用烘焙紙烤模烘烤的話，將麵糰切半揉圓，整成兩個麵糰再烘烤）。

初學者也可以輕鬆上手
烤出美味麵包的簡單重點

雖然麵包製作的門檻比較高，
「開始製作之後需要花費比較多時間」、「揉麵糰會讓麵粉四處飛濺，收拾很麻煩」、
「發酵的管理很困難」、「整形需要一定的技術」等等是大家常有的問題。
但是，如果是這裡介紹的鬆軟系麵包和酥脆系麵包，就不需要有這些擔心。
掌握初學者也能輕鬆製作的訣竅，在家也能烤出美味的麵包。

兩種麵包的作法幾乎一樣

麵包的口感或是味道，烘烤之後完全不同的「鬆軟系麵包」和「酥脆系麵包」，作法卻幾乎一樣，不管是哪一種麵包都可以根據右側的6步驟製作麵包。不同之處在於，酥脆系麵包需要的發酵時間比較長，麵糰的柔軟度不同，整形的方式也不同，烘烤需要比較高的溫度。

基本步驟

1 計量材料。
2 在附蓋調理碗裡攪拌材料。
3 進行一次發酵（室溫＋冰箱冷藏室）。
4 基本上整成圓形。
5 使用具有發酵功能的烤箱進行二次發酵。
6 烘烤。

麵糰不需要揉捏，
放在附蓋的調理碗裡攪拌即可

不管是哪一種麵糰，將酵母用溫水溶解，放入附蓋調理碗（或是保存容器），和麵粉攪拌均勻。用攪拌匙攪拌至沒有粉氣為止，再上蓋放入冰箱冷藏。不需要揉捏就不會弄髒手，放在調理碗裡可以直接進行一次發酵，需要清洗的工具很少也是優點。將麵糰放在室溫一陣子之後，需要放入冰箱冷藏發酵，因此請使用塑膠製或是耐熱玻璃製的調理碗（導熱快的不鏽鋼製或是珐瑯製會影響發酵時間，請特別注意）。

鬆軟系麵糰

酥脆系麵糰

簡單整形

不管是哪一種麵糰，整形基本上都是整成圓形。鬆軟系麵包的麵糰稍微具有黏性，在工作台撒上大量麵粉，用手掌按壓擀成表面具有張力的圓形。麵糰份量太大的話比較難操作，分成小麵糰再揉圓是不失敗的訣竅。相比之下，酥脆系麵包的麵糰非常柔軟，用刮板在麵糰的四角下側往裡面整成圓形，讓表面保持張力揉圓是重點。不管是哪一種麵糰都不需要技術，掌握到整形訣竅的話，就不會失敗。

將麵糰放入冰箱冷藏可以保存24小時

製作麵包之所以會很麻煩，在於等待時間很長。這本書裡的麵糰，都是放在冰箱裡慢慢發酵，攪拌之後放置就OK。舉例來說，前一天先攪拌材料放入冰箱冷藏，隔天只需要烘烤，不需要花時間等待也沒關係。鬆軟系麵包一次發酵的標準是8小時，酥脆系麵包是10小時，根據想要食用的時間推算，將麵糰的材料攪拌好備用，在食用之前烘烤即可。不管是哪一種麵糰都可以在20～24小時內冷藏保存使用。

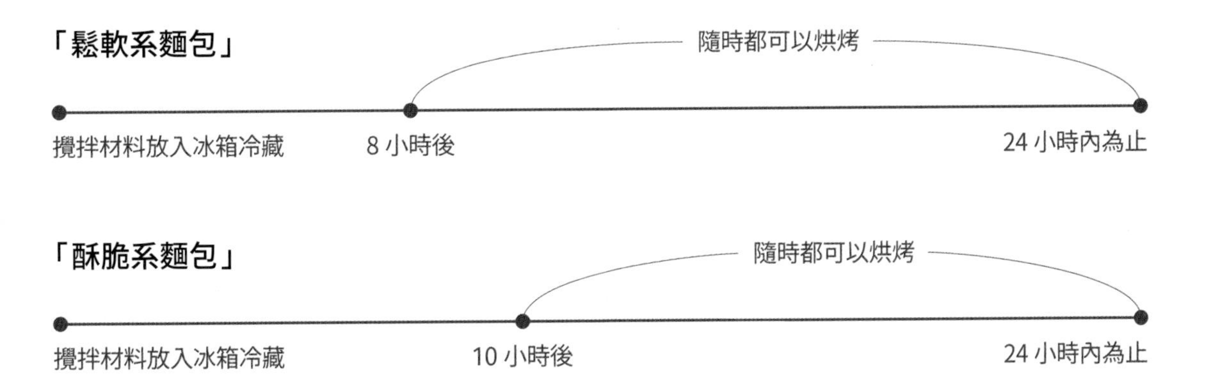

Chapter.1
鬆軟系麵包

使用大量的奶油、牛奶或雞蛋，
所製成的甘甜鬆軟口感的麵包。
可以做成奶油捲在日常裡食用，
或是做成布里歐許，享用豐富的滋味。
不管是點心麵包或鹹食麵包，
任何食材都可以搭配的萬用麵糰，
不需要揉捏只需要攪拌，整形也很容易，
延伸變化的範圍無限。
揉成小圓，烘烤成手撕麵包，
紅豆麵包、肉桂捲，或是做成聖托佩塔等，
口味或是形狀變化豐富，
做出這些不同品項，享受製作麵包的樂趣。

基本款鬆軟系麵包

將材料攪拌均勻，放入冰箱冷藏進行一次發酵。將分成9等份的麵糰揉圓排列，
再用烘烤紙扭緊邊端做成的簡易烤模烘烤，烤成手撕麵包。
學會製作基本款麵包之後，請挑戰看看使用各種烤模延伸變化。

材料　方便製作的份量・約420g

低筋麵粉（dolce）……105g
高筋麵粉（Camelia）……105g
A
- 牛奶……75mℓ（冬天的話90mℓ）
- 蔗糖……30g
- 奶油……30g
- 鹽……3g

蛋液……35g
（將全蛋打散後量出需要的份量，剩下的當成表面蛋液用）

- 溫水……30mℓ
- 快速乾式酵母（Saf紅標）……3g

前置作業

・將乾式酵母放入溫水裡溶解，約5～10分鐘。

工具

附蓋調理碗（或是保存容器）
用來混合材料發酵。這裡使用的是塑膠製附蓋的調理碗。
◦口徑21cm、高度10.5cm、容量1900mℓ

刮板
分切麵糰，移動麵糰時使用。
使用時撒上麵粉（高筋麵粉）為佳。

攪拌匙
將材料混合攪拌時使用。

烘焙紙
烘烤時將麵糰放在烘焙紙上，再扭緊邊端做成簡易的烤模。
◦這裡使用的是寬30cm、長35～40cm的款式。

其它還有直徑10cm以上的耐熱容器、打蛋器、保鮮膜、毛刷等等。

1 將 **A** 的材料放入耐熱容器，鬆鬆地蓋上保鮮膜，用微波爐加熱50秒至1分鐘後取出（奶油沒有完全融化沒關係，請加熱至沸騰之前的狀態）。用攪拌匙充分攪拌讓奶油融化，加入蛋液，再次攪拌。
◦加熱過的 **A** 溫度太高的話，雞蛋會變熟，待稍微冷卻，確認不會過熱的狀態下再加入。

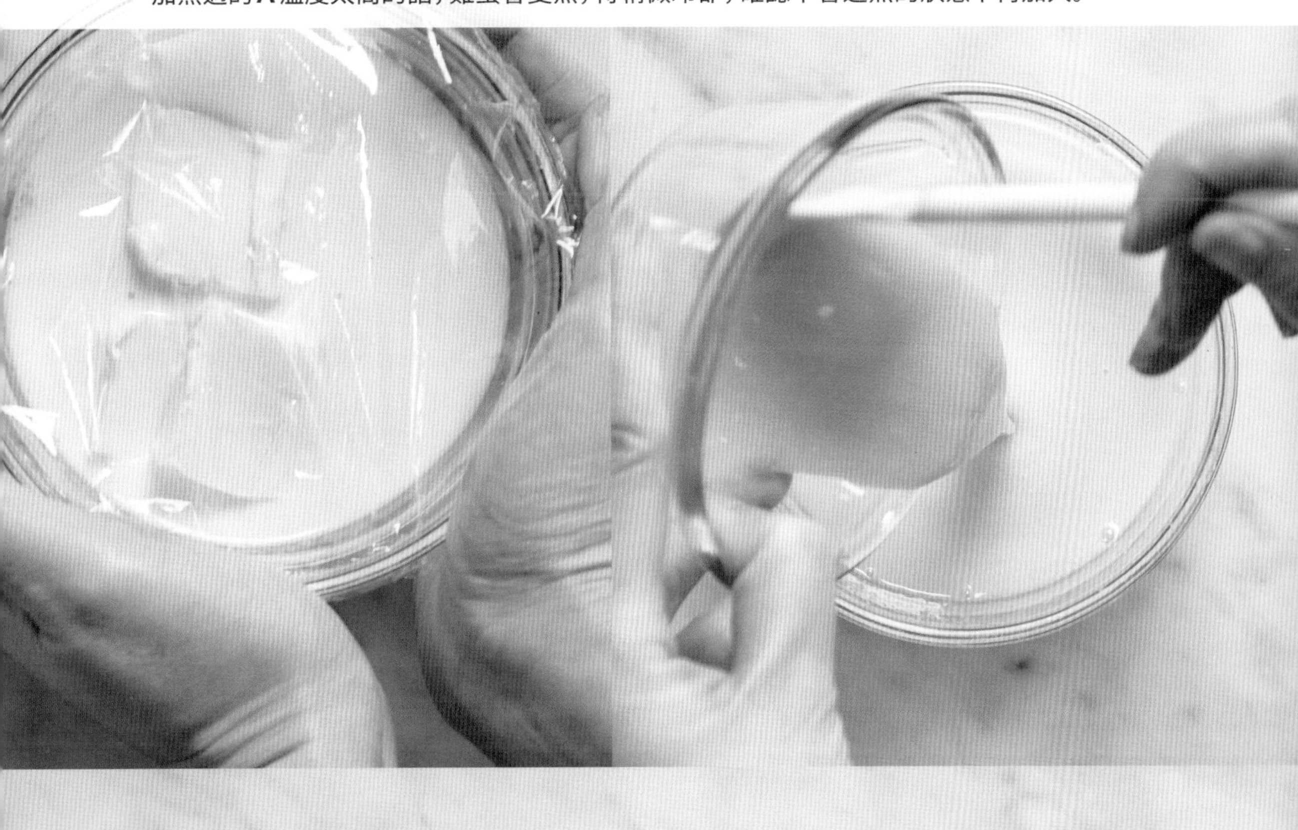

2 將低筋麵粉和高筋麵粉放入附蓋調理碗（或保存容器），用打蛋器攪拌，再加入1和溶化的乾式酵母。

POINT
將乾式酵母放入溫水，再用攪拌匙充分攪拌5～10分鐘是訣竅。乾式酵母會加速材料的化學變化，容易發酵。

3

用攪拌匙充分攪拌至沒有粉氣的狀態為止。
◦冬天的話，將牛奶的份量調整成90㎖。麵糰呈現很黏稠的狀態也沒關係。

4

成糰之後上蓋，放在室溫30分鐘（冬天的話1小時）之後，放入冰箱冷藏8～24小時（夏天的話放入冰箱冷藏20～24小時，不需要放在室溫，馬上放入冰箱冷藏為佳）。

5 麵糰膨脹成2倍大之後，即完成一次發酵。

◦沒有膨脹成2倍大的話，稍微放在室溫等待。

標準

手指沾粉，插入麵糰拔出，留下孔洞就是OK的狀態。孔洞會縮緊的話就是發酵不夠，孔洞會塌陷空氣散出的話，就是過度發酵的訊號（解決方法請參照p.108的Q＆A）。

6 在工作台和麵糰撒上手粉，刮板也撒上麵粉，插入麵糰的周圍轉動，倒扣調理碗，讓麵糰掉落在工作台上，再用刮板分切成9等份（1個約45g）。

◦使用計量秤，量出均等的重量分切，就能烤出漂亮的麵包。

7 將麵糰整體撒上大量的手粉，讓切口保持在內側地捏住麵糰封口。封口的那一面朝下放在工作台上，用手掌在工作台上按壓，以稍微壓扁的感覺施力轉動揉圓。出現黏手狀況的話，隨時補充手粉，讓手保持有粉的狀態揉麵糰。施力按壓揉圓的步驟可以讓麵糰產生彈性。

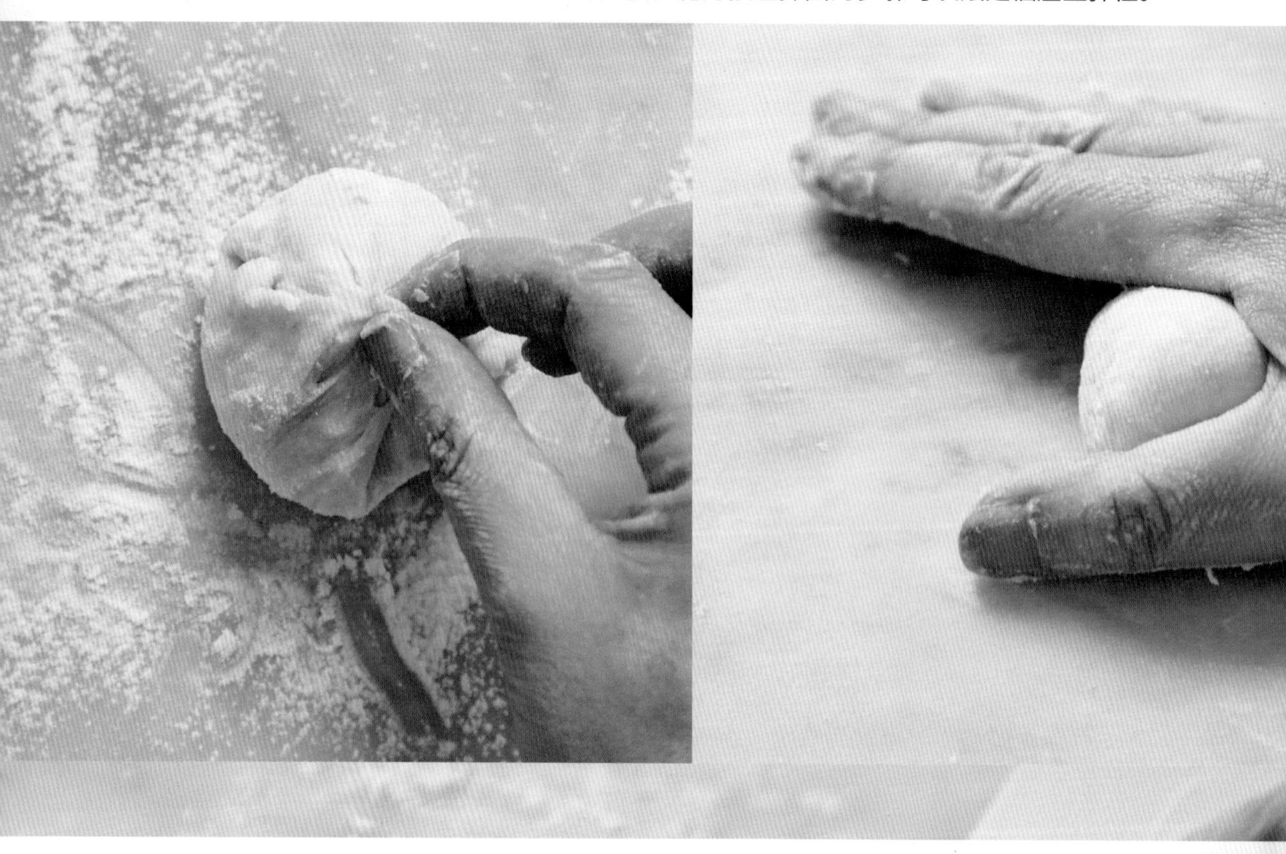

8 麵糰出現張力之後，表面呈現光滑的狀態即可。如果還是會黏手，可以再撒上手粉揉圓反覆操作。剩下的麵糰也以相同的作法揉製。

9

將烘焙紙剪成長度35～40㎝，放在工作台上。用刮板鏟起整形完成的麵糰，在烘焙紙的中央排出三列麵糰。

10

將烘焙紙的四邊往外側摺2㎝左右，讓底部保持18×18㎝拉起四個角扭緊。
◦接下來會進行二次發酵，麵糰會再膨脹一圈，烘焙紙需要預留膨脹的空間。

11

放到烤盤上，在烤盤兩處放上裝有溫水的小耐熱杯，再鬆鬆地蓋上保鮮膜。使用烤箱的發酵功能，用35～40°C發酵35～40分鐘。

◦使用調理盤當成烤模的話，可以直接在烤盤放入2杯份量的水。不使用烤模的話，不需要保鮮膜，噴上水氣即可。

12

從烤箱取出烤盤，麵糰膨脹一圈即代表二次發酵完成。

◦如果是將麵糰放入調理盤，直接在烤盤倒水的話，這個步驟需要將水倒掉。

13 烤箱以180°C預熱。在麵糰表面用毛刷塗上呈現光澤用的蛋液(製作麵糰剩下的份量)。

14 放入烤箱,烘烤20分鐘至整體上色即可。

使用各種烤模延伸變化

不使用烤模
揉圓放在烤盤上

不使用烤模，在烤盤鋪上烘焙紙，將麵糰揉圓烘烤的話，讓麵糰之間保持2.5～3㎝的空間，烘烤過後就不會黏在一起。這個作法可以用在將麵糰包入餡料的紅豆麵包（p.28）或是鋪上餅乾麵糰的餅乾麵包（p.30）等。將麵糰揉圓烘烤的馬斯卡彭起司麵包（p.56）或聖托佩塔（p.38）也可以直接放在烤盤上烘烤。烘烤時間短也是這個作法的特徵。

餅乾麵包

派盤・塔模

將手撕麵包烤成圓形很方便的工具，就是使用直徑18㎝的派盤或是塔模。在烤模塗上奶油，從四周依序排入麵糰，最後再放入中間的麵糰，是完美排列的訣竅。小麵包像花瓣一樣排列，烤好的麵包可以用手輕易地取下。適合蘋果紅糖手撕麵包（p.22）、楓糖monkey麵包（p.24），這類在麵糰之間放入餡料的麵包。烘烤時間比起烘焙紙烤模，稍微長一點。

蘋果紅糖手撕麵包

麵糰方便操作的鬆軟系麵包，不只可以做成手撕麵包，
直接揉圓用烤盤烘烤，或是用家裡現成的烤模烘烤都可以。
麵糰可以整成不同的形狀，和烤模的組合千變萬化，
可以再加入餡料變化，烤模也能嘗試各式各樣的形狀，做出無限的可能。

瑪芬蛋糕烤模

瑪芬蛋糕烤模可以讓分切過的麵糰保持一個一個完整的形狀。像是製作咖啡栗子奶油麵包（p.47），中間要擠入奶油，麵包體需要具有一定的高度時，很方便。此外，將麵糰捲起來分切的肉桂捲（p.32）或是馬斯卡彭起司捲（p.56），藉著放入瑪芬蛋糕烤模，則可以避免麵糰橫向擴散，保持直向膨脹，即可以完美烤出捲起來的部分。

馬斯卡彭起司捲

方形調理盤

和烘焙紙做成的烤模一樣，將手撕麵包排成四方形也很方便使用。和烘焙紙烤模相比，四周部分可以確實支撐住麵糰，烤出的麵包高度更高，烘烤時間稍微長一點。此外，像是雙層巧克力蔓越莓麵包（p.50）整成棒狀的麵糰，排在調理盤上烘烤，則可以烤出特殊形狀的長形麵包。淋上糖漿烘烤做成楓糖 monkey 麵包（p.24），讓糖漿滲入麵糰裡，同樣也可以用調理盤烘烤。

雙層巧克力蔓越莓麵包

蘋果紅糖手撕麵包

刻意讓蘋果殘留的紅色外皮，成為這個麵包可愛的亮點。
將蘋果放入麵糰和麵糰的間隙是製作重點。

材料　直徑18cm的派盤1個份

9等份揉圓的基本款鬆軟系麵包麵糰
（p.12～16到8需要的材料）
……全部份量（約420g）

蘋果（紅玉）……1/2顆（淨重120g）
紅糖（或是蔗糖）……50g
奶油……20g

前置作業

・將派盤塗上少許的奶油（份量外）。

1　將9等份揉圓的基本款鬆軟系麵包麵糰沿著派盤的周圍依序排上七個，中間放兩個（參照p.20照片）。再將派盤放在烤盤上，在烤盤兩處放上裝著溫水的耐熱杯，整體鬆鬆地蓋上保鮮膜。使用烤箱的發酵功能，以35～40°C發酵35～40分鐘。

2　從烤箱取出烤盤，麵糰膨脹一圈即表示二次發酵完成。烤箱以180°C預熱。

3　將蘋果削皮，不要全部削掉，刻意留下一些表皮，再切成1.5cm的方塊。放入調理碗，放入麵糰前，先加入紅糖（a）。在2的中央放入大量的蘋果，再放入手撕奶油，接著將蘋果放入麵糰和麵糰之間的縫隙，讓蘋果和麵糰融在一起地按壓正中間。用毛刷在麵糰表面刷上製造光澤感的蛋液（麵糰製作剩下的份量），再將調理碗裡剩下的紅糖撒上。

4　放入預熱過的烤箱烘烤15分鐘，接著，將溫度調降成160～170°C烘烤15分鐘至整體上色為止。

楓糖 monkey 麵包

在美國，monkey 麵包很久以前開始就是一款很受歡迎的手撕麵包。
在圓形的麵糰淋上大量的糖漿，做成焦糖的質感，簡直是惡魔等級的美味。

材料　直徑18cm的塔模1個份

9等份揉圓的基本款鬆軟系麵包麵糰
（p.12～16到8需要的材料）
……全部份量（約420g）

糖漿
- 楓糖漿……60g
- 奶油……60g
- 紅糖（或是蔗糖）……2 ½大匙

核桃（烤過，無鹽）……30g

前置作業

・將烘焙紙根據塔模的形狀裁剪，鋪進烤模裡。

1 將糖漿的材料放入小鍋裡，開中火煮1～2分鐘至紅糖融化為止，再移放到耐熱容器冷卻。

2 將9等份揉圓的基本款鬆軟系麵包麵糰一個一個放入1的容器，讓整體都沾滿糖漿，再沿著塔模的周圍依序排上七個，中間放兩個（a）。剩下的糖漿備用。

3 將塔模放在烤盤上，在烤盤兩處放上裝著溫水的耐熱杯，整體鬆鬆地蓋上保鮮膜。使用烤箱的發酵功能，以35～40°C發酵35～40分鐘。

4 從烤箱取出烤盤，麵糰膨脹一圈即表示二次發酵完成。烤箱以180°C預熱。淋上剩下的糖漿，再將略切過的核桃以稍微按壓的方式鋪進麵糰（b）。

5 放入預熱過的烤箱烘烤20分鐘，接著將溫度調降成160～170°C烘烤10分鐘至整體上色為止。

a

b

檸檬糖奶油麵包

將磨碎的檸檬皮和砂糖混合成檸檬糖，一抹清爽的滋味。
像佛卡夏麵包一樣在麵糰做出孔洞，再放入大量的奶油。

材料　直徑約11cm的圓形7個份

經過一次發酵的基本款鬆軟系麵包麵糰
（p.12～15到5需要的材料）
……全部份量（約420g）

檸檬糖
檸檬皮碎……1顆份
砂糖……70g

奶油……50g

前置作業

- 將烤盤鋪上烘焙紙。

1 將經過一次發酵的基本款鬆軟系麵包麵糰和工作台撒上手粉，再分成7等份（1個約60g）揉圓。用手掌按壓成直徑8cm左右的平坦圓形，放入烤盤，每一個麵糰之間保持2.5～3cm的距離，在烤盤兩處放入裝著溫水的耐熱杯，噴上水氣。使用烤箱的發酵功能，以35～40°C發酵35～40分鐘。

2 將檸檬皮和砂糖充分混合，做成檸檬糖（a）。

3 從烤箱取出烤盤，麵糰膨脹一圈即表示二次發酵完成。烤箱以180°C預熱。在麵糰表面輕壓，手指沾粉做出4～5個孔洞（b）。將奶油撕出1/7份量放上每個麵糰（c），用毛刷在麵糰表面刷上製造光澤感的蛋液（麵糰製作剩下的份量），再將每一個麵糰各撒上1/7份量的2。

4 放入預熱過的烤箱烘烤15分鐘至整體上色為止。

a

b

c

紅豆麵包

鹽漬櫻花的外觀和味道都能畫龍點睛，一款高級質感的紅豆麵包。
使用市售的紅豆餡，在家也可以輕鬆完成。
在內餡放入草莓，表面撒上芝麻也很推薦。

材料　直徑約10cm的圓形7個份

經過一次發酵的基本款鬆軟系麵包麵糰
（p.12～15到5需要的材料）
⋯⋯全部份量（約420g）

紅豆餡（市售）⋯⋯210～315g
鹽漬櫻花（市售）⋯⋯7片

前置作業

・將烤盤鋪上烘焙紙。

1 將經過一次發酵的基本款鬆軟系麵包麵糰和工作台撒上麵粉，再分成7等份（1個約60g）揉圓。用手掌按壓成平坦圓形，中間壓出凹洞，放入30～45g的紅豆餡（a），用麵糰包住紅豆餡封口（b），封口朝下放在工作台上按壓，稍微施力揉圓（參照p.16的7）。

2 放入烤盤，每一個麵糰之間保持2.5～3cm的距離，在烤盤兩處放入裝著溫水的耐熱杯，噴上水氣。使用烤箱的發酵功能，以35～40°C發酵35～40分鐘。

3 從烤箱取出烤盤，麵糰膨脹一圈即表示二次發酵完成。烤箱以180°C預熱。用毛刷在麵糰表面刷上製造光澤感的蛋液（麵糰製作剩下的份量），每一個麵糰再放上一片鹽漬櫻花（c）。

4 放入預熱過的烤箱烘烤12～15分鐘至整體上色為止。

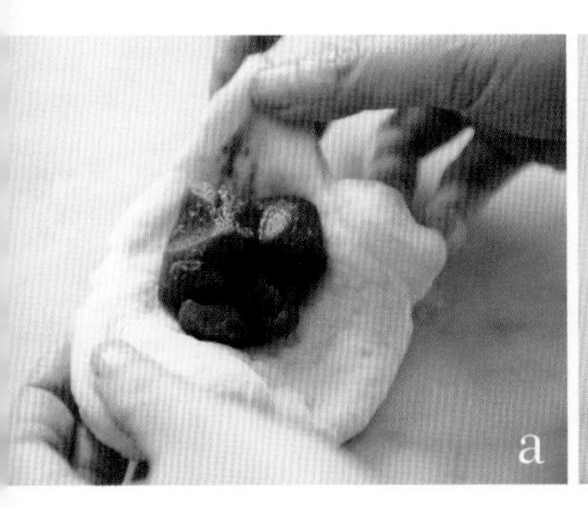
a

b

c

餅乾麵包

表面是餅乾質感，裡面包入果醬，很適合當成點心的麵包。
果醬使用個人喜好的種類雖然也可以，但真心推薦使用質感比較硬一點的、容易包進麵糰的果醬。

材料　直徑約10cm的圓形8個份

經過一次發酵的基本款鬆軟系麵包麵糰
（p.12～15到5需要的材料）
…… 全部份量（約420g）

餅乾麵糰
- 奶油 …… 65g
- 砂糖（或蔗糖）…… 65g
- 蛋液 …… 約65g
（1個雞蛋，再加上麵糰用剩的蛋液約15g）
- 低筋麵粉 …… 65g

個人喜好的果醬 …… 8小匙

前置作業
- 將餅乾麵糰的奶油回復至室溫。
- 將烤盤鋪上烘焙紙。

1 將經過一次發酵的基本款鬆軟系麵包麵糰和工作台撒上麵粉，再分成8等份（1個約50g）揉圓，用手掌按壓成平坦圓形，中間壓出凹洞，放入1小匙果醬（a），用麵糰包住果醬封口（b），封口朝下在工作台上按壓，稍微施力揉圓（參照p.16的7）。

2 放入烤盤，每一個麵糰之間保持2.5～3cm的距離，在烤盤兩處放入裝著溫水的耐熱杯，噴上水氣。使用烤箱的發酵功能，以35～40°C發酵35～40分鐘。

3 製作餅乾麵糰。將奶油放入調理碗，用打蛋器攪拌成奶霜狀，再加入砂糖和蛋液充分攪拌。過篩撒入低筋麵粉，用攪拌匙大概翻拌。

4 從烤箱取出烤盤，麵糰膨脹一圈即表示二次發酵完成。烤箱以180°C預熱。在每個麵糰表面用湯匙鋪上1/8份量的3，輕柔地鋪展開來（c）。

5 放入預熱過的烤箱烘烤15～20分鐘至整體上色為止。

a

b

c

肉桂捲

將基本款麵糰擀薄，塗上餡料，捲起來切段即可。
如果可以淋上奶油起司糖霜，會更像麵包店裡的商品。
用湯匙淋上大量的糖霜也很美味。

材料　直徑7cm的瑪芬蛋糕烤模8個份

經過一次發酵的基本款鬆軟系麵包麵糰
（p.12～15到5需要的材料）
……全部份量（約420g）

填餡

- 奶油……50g
- 砂糖……50g
- 肉桂粉……1大匙

糖霜

- 奶油起司……60g
- 奶油……40g
- 糖粉……60g

前置作業

- 將填餡和糖霜的奶油以及奶油起司回復至室溫。
- 將瑪芬蛋糕烤模塗上少許的奶油（份量外）。

1 將經過一次發酵的基本款鬆軟系麵包麵糰和工作台撒上麵粉。擀麵棍也撒上麵粉，將麵糰擀成寬24×長20cm厚度均勻的四方形。將填餡的材料放入調理碗，用攪拌匙攪拌，再塗在麵糰上，最後捲起封口處不需要塗上填餡（a）。

2 將靠近身體這一側的麵糰摺入做出中心部分，再轉動麵糰捲至邊端（b）。用刮板將麵糰分切成8等份，讓切口保持在上面放入瑪芬蛋糕烤模（c），再放入烤盤。在烤盤兩處放入裝著溫水的耐熱杯，整體鬆鬆地蓋上保鮮膜。使用烤箱的發酵功能，以35～40°C發酵35～40分鐘。

3 從烤箱取出烤盤，麵糰膨脹一圈即表示二次發酵完成。烤箱以180°C預熱，烘烤13～15分鐘至整體上色為止。從烤箱取出烤盤，再將烤模移到網架上放至完全冷卻。

4 將糖霜的材料放入調理碗，用攪拌匙充分攪拌。將糖霜填入保存袋的邊角，扭緊袋口擠出空氣。將邊角稍微剪出切口，在3擠上細細的糖霜。

a

b

c

香蕉花生醬手撕麵包

剛出爐時，香蕉和花生醬融在一起，更加美味。
冷卻之後的濕潤口感，也別有一番風味。
可以根據自己喜好的時間點品嘗，也是在家製作麵包的魅力。

材料　約18×18cm的四方形手撕麵包1個份

經過一次發酵的基本款鬆軟系麵包麵糰
(p.12～15到5需要的材料)
……全部份量(約420g)

香蕉……1 1/2條(淨重約150g)
蜂蜜……1大匙

A　花生醬(顆粒狀)……50g
　　紅糖(或蔗糖)……2大匙

前置作業

- 將**A**的材料放入調理碗，用湯匙攪拌。
- 將烘焙紙裁剪成長度35～40cm。

1　將100g的香蕉切成1.5cm厚度左右的9等份。剩下的香蕉切成3～4mm厚度左右的9等份，和蜂蜜拌在一起，當成裝飾用。

2　將經過一次發酵的基本款鬆軟系麵包麵糰和工作台撒上麵粉，再分成9等份(1個約45g)揉圓，用手掌按壓成平坦圓形，中間壓出凹洞，放入1.5cm厚的香蕉和1/9份量的**A**(a)，用麵糰包住香蕉和**A**封口(b)，封口朝下在工作台上按壓，稍微施力揉圓(參照p.16的7)。剩下的麵糰也以相同方法製作。

3　和基本款鬆軟系麵包(參照p.17～p.18的9～11)相同的作法，在烘焙紙上排出三列，底部保持18×18cm，往上拉起四個邊角扭緊。放入烤盤，在烤盤兩處放入裝著溫水的耐熱杯，整體再鬆鬆地覆蓋上保鮮膜。使用烤箱的發酵功能，以35～40°C發酵35～40分鐘。

4　從烤箱取出烤盤，麵糰膨脹一圈即表示二次發酵完成。烤箱以180°C預熱。用毛刷在麵糰表面刷上製造光澤感的蛋液(麵糰製作剩下的份量)，每一個小麵糰的中間再放上裝飾用的香蕉，從上面按壓進麵糰。

5　放入預熱過的烤箱烘烤15分鐘至整體上色為止。

a

b

十字手撕麵包
(Hot cross bun)

起源於英國，復活節時吃的麵包。
放入香料或是水果乾，呈現奢華的滋味。
雖然畫出十字紋路是這款麵包的特徵，
實際上並沒有增加什麼風味，如果覺得麻煩，省略也無妨。

材料
約18×18cm的四方形手撕麵包1個份

經過一次發酵的基本款鬆軟系麵包麵糰
(p.12～15到5需要的材料)
……全部份量(約420g)

葡萄乾……100g
糖漬柑橘……30g
肉桂、肉豆蔻等個人喜好的香料
……合計1½小匙

表面的十字紋路
- 低筋麵粉……40g
- 水……30mℓ

前置作業
・將烘焙紙剪成長度35～40cm。

1 將葡萄乾放入耐熱容器，淋入熱水靜置5分鐘，再用濾網瀝乾。將糖漬柑橘切成5mm的塊狀。

2 將經過一次發酵的基本款鬆軟系麵包麵糰和工作台撒上麵粉。擀麵棍也撒上手粉，將麵糰擀成寬20×長20cm。撒上1，再撒上香料，將麵糰對半切後重疊，從上面用擀麵棍按壓，讓麵糰和食材融在一起。分成9等份(1個約60g)，盡量讓容易烤焦的葡萄乾不要出現在上側的表面，在工作台上按壓，稍微施力揉圓(參照p.16的7)。

3 和基本款鬆軟系麵包(參照p.17～18的9～11)相同的作法，在烘焙紙上排出三列，底部保持18×18cm，往上拉起四個邊角扭緊。放入烤盤，在烤盤兩處放入裝著溫水的耐熱杯，整體覆蓋上保鮮膜。使用烤箱的發酵功能，以35～40°C發酵35～40分鐘。

4 從烤箱取出烤盤，麵糰膨脹一圈即表示二次發酵完成。烤箱以180°C預熱。用毛刷在麵糰表面刷上製造光澤感的蛋液(麵糰製作剩下的份量)。將表面十字紋路的材料放入調理碗攪拌，再填入裝上擠花嘴的擠花袋裡。在麵糰的中間交叉擠出十字線條(a)。

a

5 放入預熱過的烤箱烘烤20分鐘至整體上色為止。

◦如果4沒有擠花袋的話，可以和肉桂捲的糖霜(參照p.33的4)相同的方法使用保存袋替用。

聖托佩塔

p.40

聖托佩塔

受到 Brigitte Bardot（碧姬・芭杜，法國電影女明星）青睞，來自南法聖托佩的名產，如今在法國全域都可以嘗到。這裡製作的是大尺寸的版本，做成小尺寸也很可愛。

材料　直徑約18cm的圓形1個份

經過一次發酵的基本款鬆軟系麵包麵糰
（p.12～15到5需要的材料）……全部份量（約420g）

卡士達奶油
- 蛋黃……3顆份
- 砂糖……40g
- 低筋麵粉……10g
- 玉米粉……15g
- 牛奶……250mℓ
- 洋菜粉……3g
- 水……1½大匙

鮮奶油
- 鮮奶油……100mℓ
- 砂糖……2大匙

糖漿
- 橙花水……2大匙
- 砂糖……2大匙
- 水……2大匙

珍珠糖……2大匙
糖粉……適量

前置作業
- 將烘焙紙鋪進烤盤裡。
- 參照p.41製作卡士達奶油，放入冰箱冷卻。
- 製作糖漿。將砂糖和水放入耐熱容器，用微波爐加熱15秒，再加入橙花水。
- 製作鮮奶油。將鮮奶油和砂糖放入調理碗，用手持攪拌機或打蛋器攪拌至可以拉出尖角的狀態，放入冰箱冷藏。

珍珠糖

鬆餅或是泡芙都會使用，烘烤後也不會融化，保留顆粒狀的砂糖。脆脆的口感是其特徵。

橙花水

柳橙花的蒸餾水。溫潤甘甜的花香為其特徵，在歐洲或中東地區被廣泛用來替麵包或點心增加香氣。

◦如果手邊沒有橙花水，可以用檸檬皮碎或柳橙利口酒取代。

1　將經過一次發酵的基本款鬆軟系麵包麵糰和工作台撒上麵粉，在工作台上邊按壓，稍微施力揉成直徑約15㎝的圓（參照p.16的7）。放入烤盤，在烤盤兩處放入裝著溫水的耐熱杯，噴上水氣。使用烤箱的發酵功能，以35～40°C發酵35～40分鐘。

2　從烤箱取出烤盤，麵糰膨脹一圈即表示二次發酵完成。烤箱以180°C預熱。用毛刷在麵糰表面刷上製造光澤感的蛋液（麵糰製作剩下的份量），再撒上珍珠糖。

3　放入預熱過的烤箱烘烤20分鐘至整體上色為止。從烤箱取出烤盤，趁熱用毛刷將整體刷上糖漿（預留塗在剖面的份量備用），從烤盤移到網架上等到完全冷卻。

4　從冰箱取出卡士達奶油和鮮奶油，將卡士達奶油移放至調理碗裡，用手持攪拌機或打蛋器攪拌，加入鮮奶油再次攪拌。

5　將3橫向切半，在下側的剖面用毛刷塗上糖漿，再塗上4延展開（a）。蓋上上側的麵包，放入冰箱冷藏1小時以上。盛盤，撒上糖粉，切成容易食用的大小。

a

卡士達奶油的作法

1　用相同份量的水將洋菜粉泡開。

2　將蛋黃和砂糖放入耐熱調理碗裡，用打蛋器攪拌。過篩倒入低筋麵粉和玉米粉，加入牛奶充分攪拌。鬆鬆地封上保鮮膜，用微波爐邊觀察狀態加熱1分30秒～2分30秒至凝固為止，取出攪拌。

3　再次封上保鮮膜，用微波爐加熱1分鐘後攪拌，再加熱30秒後攪拌。反覆操作這個步驟一次。奶油如果結塊，就充分攪拌（b），每一次再加熱30秒讓結塊散開後攪拌，反覆操作至形成濃稠狀態為止。

4　奶油形成緩慢流動的稠狀之後（c），趁熱加入1攪拌。用網篩過篩倒入調理盤裡，用保鮮膜密實地蓋上，不要讓空氣進入，再放上保冷劑急速冷卻，放入冰箱冷藏1小時以上。

b

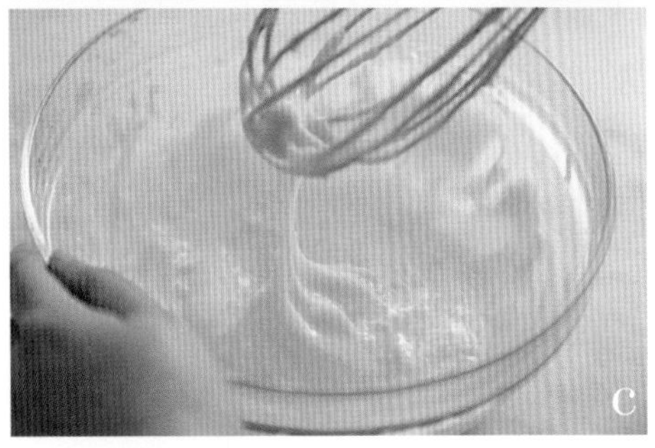
c

維也納麵包

p.44

雞蛋沙拉麵包
p.45

維也納麵包

溫潤甘甜的鬆軟系麵糰，也很適合用來做成鹹食麵包。
只需要加上一片紫蘇葉，風味就會更豐富。用切成薄片的櫛瓜也很適合。

材料　約12×9㎝的橢圓形7個份

經過一次發酵的基本款鬆軟系麵包麵糰
（p.12～15到5需要的材料）
……全部份量（約420g）

維也納香腸……7條
紫蘇……7片
起司（這裡是用馬背起司「Caciocavallo Cheese」）
……70g

前置作業
- 將烘焙紙鋪進烤盤裡。
- 將起司切成7等份。

1 將經過一次發酵的基本款鬆軟系麵包麵糰和工作台撒上麵粉，再分成7等份（1個約60g），在工作台上按壓麵糰，稍微施力揉圓（參照p.16的7）。用手掌按壓成直徑10㎝的平坦圓形（a），再將麵糰上下往裡側摺疊（b），中間放上一片紫蘇，再放上一條香腸，從上面按壓（c）。剩下的麵糰也以相同方法製作。

2 將麵糰放入烤盤，每一個麵糰之間保持2.5～3㎝的距離，在烤盤兩處放入裝著溫水的耐熱杯，在麵糰噴上水氣。使用烤箱的發酵功能，以35～40°C發酵35～40分鐘。

3 從烤箱取出烤盤，麵糰膨脹一圈即表示二次發酵完成。烤箱以180°C預熱。用毛刷在麵糰表面刷上製造光澤感的蛋液（麵糰製作剩下的份量）。從上面壓入香腸，再放上一塊起司。

4 放入預熱過的烤箱烘烤12分鐘至整體上色為止。

a

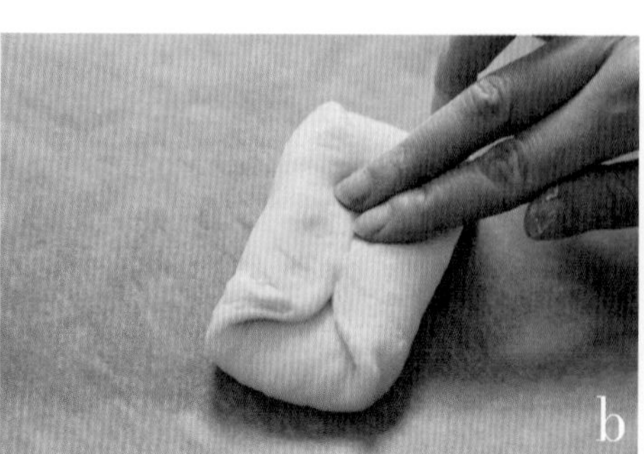
b

雞蛋沙拉麵包

雞蛋沙拉不只可以做成三明治，做成鹹食麵包也是任何人都會喜歡的口味。
在家裡可以無限製作的雞蛋沙拉，大量地放入麵包，吃到飽。

材料 直徑約11cm的圓形7個份

經過一次發酵的基本款鬆軟系麵包麵糰
（p.12～15到5需要的材料）
……全部份量（約420g）

雞蛋沙拉

- 水煮蛋（切碎）……5顆份
- 美乃滋……70g
- 優格（無糖）……1 1/2大匙
- 黃芥末籽……1小匙
- 義大利香芹（切碎）……1小匙（2g）
- 鹽、胡椒……各適量

前置作業

- 將雞蛋沙拉的材料充分攪拌混合。
- 將烘焙紙鋪進烤盤裡。

1 將經過一次發酵的基本款鬆軟系麵包麵糰和工作台撒上麵粉，再分成7等份（1個約60g），在工作台上按壓麵糰，稍微施力揉圓（參照 p.16的7）。用手掌按壓成直徑8cm左右的平坦圓形。在中間壓出凹槽，再鋪上1/7份量（約50g）的雞蛋沙拉（a）。

2 將麵糰放入烤盤，每一個麵糰之間保持2.5～3cm的距離，在烤盤兩處放入裝著溫水的耐熱杯，並噴上水氣。接著，使用烤箱的發酵功能，以35～40°C發酵35～40分鐘。

3 從烤箱取出烤盤，麵糰膨脹一圈即表示二次發酵完成。烤箱以180°C預熱。用毛刷在麵糰表面刷上製造光澤感的蛋液（麵糰製作剩下的份量）。

4 放入預熱過的烤箱烘烤12～15分鐘至整體上色為止。

a

咖啡黑糖麵包
p.48

咖啡栗子奶油麵包

p.49

咖啡黑糖麵包

將即溶咖啡加入基本款麵糰，再包入切碎的黑糖。
咖啡的香氣以及些微的苦味，和黑糖樸素的甜味相得益彰。

材料 直徑約9cm的圓形8個份

麵糰
低筋麵粉（dolce）……105g
高筋麵粉（Camelia）……105g
A 牛奶……75mℓ（冬天的話90mℓ）
蔗糖……30g
奶油……30g
鹽……3g
即溶咖啡……2小匙
蛋液……35g
（將全蛋打散計量，剩下的當成製作光澤感的蛋液）
溫水……30mℓ
快速乾式酵母（Saf紅標）……3g

黑糖……40g

前置作業

- 將乾式酵母用溫水溶解。
- 將黑糖切碎。
- 將烘焙紙鋪進烤盤裡。

1 將基本款鬆軟系麵包（參照p.13～15的1～5）的1混合**A**材料的時候，加入即溶咖啡溶解。之後以相同的方法製作麵糰，放在室溫30分鐘左右（冬天的話1小時），再放入冰箱冷藏8～24小時，進行一次發酵（夏天的話，放入冰箱冷藏20～24小時，不需要放在室溫，馬上放入冰箱冷藏即可）。

2 將麵糰和工作台撒上麵粉，再分成8等份（1個約50g）揉圓，用手掌壓成平坦的圓形。在中間做出凹槽，放入1/8份量的黑糖，再用麵糰將黑糖包起來封口，封口面朝下放在工作台上按壓，稍微施力揉圓（參照p.16的7）。

3 將麵糰之間保持2.5～3cm的距離放入烤盤裡，在烤盤兩處放入裝著溫水的耐熱杯，噴上水氣。使用烤箱的發酵功能，以35～40°C發酵35～40分鐘。

4 從烤箱取出烤盤，麵糰膨脹一圈即代表二次發酵完成。烤箱以180°C預熱。在麵糰表面用毛刷塗上做出光澤感的蛋液（製作麵糰剩下的份量）。

5 放入預熱過的烤箱烘烤20分鐘至整體上色為止。

咖啡栗子奶油麵包

使用和咖啡黑糖麵包相同的麵糰所延伸變化的一款麵包。
在烤好的麵包裡擠入栗子鮮奶油，就是一道甜點。

材料 直徑7㎝瑪芬蛋糕烤模8個份

麵糰
低筋麵粉（dolce）……105g
高筋麵粉（Camelia）……105g
A
- 牛奶……75mℓ（冬天的話90mℓ）
- 蔗糖……30g
- 奶油……30g
- 鹽……3g
- 即溶咖啡……2小匙

蛋液……35g
（將全蛋打散計量，剩下的當成製作光澤感的蛋液）
- 溫水……30mℓ
- 快速乾式酵母（Saf紅標）……3g

栗子鮮奶油
- 栗子奶油（市售）……100g
- 鮮奶油……70mℓ
- 蔗糖……1小匙
- 蘭姆酒……1小匙

前置作業
- 將乾式酵母用溫水溶解。
- 將瑪芬蛋糕烤模塗上少量的奶油（份量外）。

1 將基本款鬆軟系麵包（參照p.13～15的1～5）的1混合**A**材料的時候，加入即溶咖啡溶解。之後以相同的方法製作麵糰，放在室溫30分鐘左右（冬天的話1小時），再放入冰箱冷藏8～24小時，進行一次發酵（夏天的話，放入冰箱冷藏20～24小時，不需要放在室溫，馬上放入冰箱冷藏即可）。

2 將麵糰和工作台撒上麵粉，再分成8等份（1個約50g），在工作台上施力揉圓（參照p.16的7）。將麵糰放入瑪芬蛋糕烤模，在烤盤兩處放入裝著溫水的耐熱杯，整體鬆鬆地覆蓋上保鮮膜。接著，使用烤箱的發酵功能，以35～40°C發酵35～40分鐘。

3 從烤箱取出烤盤，麵糰膨脹一圈即代表二次發酵完成。烤箱以180°C預熱。在麵糰表面用毛刷塗上做出光澤感的蛋液（製作麵糰剩下的份量）。

4 放入預熱過的烤箱烘烤20分鐘至整體上色為止。從烤箱取出烤盤，將麵包移放到網架上使其完全冷卻。

5 製作栗子鮮奶油。將鮮奶油和蔗糖放入調理碗，用手持攪拌機和打蛋器打發成可以馬上拉出尖角的狀態。再加入栗子奶油大概翻拌，接著加入蘭姆酒稍微攪拌，填入裝上圓形擠花嘴的擠花袋。

6 在4的中間用筷子插入轉動（注意不要讓底部破洞），做出可以填入奶油的孔洞。插入擠花嘴的前端，再平均擠入相同份量的奶油（a）（如果栗子鮮奶油比較軟的話，可以放入冰箱冷藏過後再擠為佳）。

PALLARES
SOLSONA

雙層巧克力蔓越莓麵包

放入可可亞的咖啡色麵糰，包入兩種巧克力和蔓越莓。
稍微帶苦味的麵包體，香甜巧克力融化在其中，酸酸甜甜的蔓越莓則成為味蕾的亮點。

材料　長24×寬18×高3cm的調理盤1盤份

麵糰
低筋麵粉（dolce）……90g
高筋麵粉（Camelia）……95g
可可粉（無糖）……15g
A 牛奶……90mℓ（冬天的話95～100mℓ）
　蔗糖……35g
　奶油……30g
　鹽……3g
蛋液……35g
（將全蛋打散計量，剩下的當成製作光澤的蛋液）
　溫水……30mℓ
　快速乾式酵母（Saf紅標）……3g

巧克力2種（苦味，白）……合計80g*
蔓越莓乾……40g

*巧克力用板巧克力或是巧克力塊都可以，手邊現有的即可。使用板巧克力的話，切成1.5cm的方形。

前置作業
- 將乾式酵母用溫水溶解。
- 將蔓越莓乾放入耐熱容器，淋入熱水靜置5分鐘，用濾網瀝乾。
- 根據調理盤的尺寸裁剪烘焙紙，四個邊角剪出切口，鋪進調理盤裡。

1 在基本款鬆軟系麵包（參照p.13～15的1～5）的2加入可可粉，之後以相同的方法製作麵糰，進行一次發酵。

2 將麵糰和工作台撒上麵粉，再分成4等份（1個約110g），切口朝內側將麵糰捏緊封口。放在工作台上，用手掌壓成寬13×長10cm左右的平坦橢圓形。

3 在麵糰的中間放上2種巧克力和1/4份量燙過的蔓越莓乾，摺三摺包住封口（a）。封口處保持在內側再對半摺封口（b），根據調理盤的長度稍微轉動整成棒狀。將封口朝下放在調理盤上。剩下的麵糰也以相同方法製作，稍微保持距離排列在調理盤裡（c）。

4 將調理盤放在烤盤上，在烤盤倒入2杯左右的水，整體鬆鬆地蓋上保鮮膜。使用烤箱的發酵功能，以35～40°C發酵35～40分鐘。

5 從烤箱取出烤盤，麵糰膨脹一圈即代表二次發酵完成。烤箱以180°C預熱。倒掉烤盤的水，在麵糰表面用毛刷塗上做出光澤感的蛋液（製作麵糰剩下的份量）。放入預熱過的烤箱烘烤20分鐘。

a

b

c

柑橘果醬麵包

用柳橙汁取代牛奶，加上柑橘果醬可以做出暖黃色的麵包。
當成早餐不用說，也可以和料理一起享用的清爽口味麵包。

材料　約18×18cm的方形手撕麵包1個份

麵糰
低筋麵粉（dolce）……105g
高筋麵粉（Camelia）……105g
A
- 柳橙汁（100%原汁）……75mℓ
- 蔗糖……30g
- 奶油……30g
- 鹽……3g

蛋液……35g
（將全蛋打散計量，剩下的當成製作光澤的蛋液）
- 溫水……30mℓ
- 快速乾式酵母（Saf紅標）……3g

柑橘果醬……2大匙
柳橙皮碎（如果有的話）……少許

液態果膠
- 柑橘果醬……1大匙
- 香橙干邑甜酒（Grand Marnier）……2小匙

前置作業
- 將乾式酵母用溫水溶解。
- 將烘焙紙裁剪成長度35～40cm。

1　將**A**材料放入耐熱容器，鬆鬆地覆蓋上保鮮膜，用微波爐加熱50秒～1分鐘（奶油沒有完全融化也無妨，請邊觀察加熱至沸騰之前的狀態）。用攪拌匙充分攪拌。

2　加入蛋液充分攪拌。

3　將低筋麵粉和高筋麵粉放入附蓋調理碗，用打蛋器攪拌，再加入2、溶解的乾式酵母、柑橘果醬和柳橙皮碎攪拌。如果有還有粉狀殘留的話，可以一點一點地加入1大匙柳橙汁（份量外）攪拌。上蓋，放在室溫30分鐘（冬天的話1小時），再放入冰箱冷藏8～24小時，進行一次發酵（夏天的話，可以放入冰箱冷藏20～24小時，不需要放在室溫，直接放入冰箱為佳）。

4　將基本款鬆軟系麵包麵糰（參照p.15～18的6～11）以相同的方法分成9等份（1個約50g），稍微施力揉圓，排成三列，用烘焙紙做成烤模，放在烤盤上。在烤盤兩處放上裝著溫水的耐熱杯，整體再蓋上保鮮膜。使用烤箱的發酵功能，以35～40°C發酵35～40分鐘。

5　烤箱以180°C預熱。在麵糰表面用毛刷塗上做出光澤感的蛋液（製作麵糰剩下的份量）。放入預熱過的烤箱烘烤20分鐘至整體上色為止。取出烤盤，將液態果膠用的材料充分攪拌，趁熱用毛刷塗上麵包整體表面。

柳橙汁
選用100%的原汁。取代牛奶，讓麵糰呈現淡淡的黃色，柑橘的香氣則會在口中擴散開來。

椰子芒果麵包

取代牛奶，在麵糰裡加入椰奶和芒果乾，可以品嘗到南國風味的一款麵包。
表面的椰子粉香氣則成為口味上的亮點。

材料　直徑7cm的瑪芬蛋糕烤模8個份

麵糰
低筋麵粉（dolce）……105g
高筋麵粉（Camelia）……105g
A ｜椰奶……70mℓ
｜蔗糖……30g
｜奶油……30g
｜鹽……3g
蛋液……35g
（將全蛋打散計量，剩下的當成製作光澤的蛋液）
｜溫水……30mℓ
｜快速乾式酵母（Saf紅標）……3g
芒果乾……60g
優格（無糖）……50g

椰子絲（或是椰子粉）……10g

前置作業

- 將乾式酵母用溫水溶解。
- 將芒果乾切成5mm的塊狀放入調理碗裡，加入優格稍微攪拌，放入冰箱冷藏1小時以上至芒果乾吸收優格的水分軟化為止（a）。
- 將瑪芬蛋糕烤模塗上少許的奶油（份量外）。

a

1 將**A**材料放入耐熱容器，鬆鬆地覆蓋上保鮮膜，用微波爐加熱50秒～1分鐘（奶油沒有完全融化也無妨，。請邊觀察加熱至沸騰之前的狀態）。用攪拌匙充分攪拌。

2 加入蛋液充分攪拌。

3 將低筋麵粉和高筋麵粉放入附蓋調理碗，用打蛋器攪拌，再加入2、溶解的乾式酵母、做好前置作業的芒果乾和優格混合物攪拌。如果還有粉狀殘留，可以一點一點地加入1大匙椰奶（份量外）攪拌。上蓋，放在室溫30分鐘（冬天的話1小時），再放入冰箱冷藏8～24小時，進行一次發酵（夏天的話，可以放入冰箱冷藏20～24小時，不需要放在室溫，直接放入冰箱為佳）。

4 將麵糰撒上麵粉，分成8等份（1個約65g），放在工作台上按壓，稍微施力揉圓（參照p.16的7）。放入瑪芬蛋糕烤模，再放入烤盤裡。在烤盤兩處放上裝著溫水的耐熱杯，整體鬆鬆地蓋上保鮮膜。使用烤箱的發酵功能，以35～40°C發酵35～40分鐘。

5 從烤箱取出烤盤，麵糰膨脹一圈即代表二次發酵完成。烤箱以180°C預熱。在麵糰表面用毛刷塗上可以做出光澤感的蛋液（製作麵糰剩下的份量），每一個麵糰再各放上1/8份量的椰子絲。

6 放入預熱過的烤箱，烘烤20分鐘至整體上色為止。15分鐘過後可以先觀察烘烤的狀況，如果椰子絲好像快要烤焦，可以調降成170°C烘烤5分鐘。

馬斯卡彭起司捲

p.58

馬斯卡彭起司麵包

p.57

馬斯卡彭起司麵包 &
馬斯卡彭起司捲

不使用奶油和雞蛋，加入馬斯卡彭起司的話，可以做出更鬆軟、奶香更濃郁的麵包。
馬斯卡彭起司麵包和基本款鬆軟系麵包一樣做成手撕麵包也很美味，
這個食譜則會做成大尺寸，口感會更鬆軟。
用一半份量的麵糰延伸變化做成馬斯卡彭起司捲的話，則可以享用到兩種麵包風味。

馬斯卡彭起司麵包

材料　直徑約14cm的圓形2個份
・一半份量做成馬斯卡彭起司捲（p.58）也可以。

麵糰
低筋麵粉（dolce）……105g
高筋麵粉（Camelia）……105g
A　牛奶……90mℓ
　　蔗糖……30g
　　鹽……3g
溫水……30mℓ
快速乾式酵母（Saf紅標）……3g
馬斯卡彭起司……100g

前置作業
・將乾式酵母放入溫水裡溶解。
・將烘焙紙鋪進烤盤裡。

1　在基本款鬆軟系麵包（參照 p.13～15的1～5）的1，將**A**的材料用微波爐加熱20秒左右後攪拌（不加奶油和雞蛋）。也加入馬斯卡彭起司攪拌。

2　將低筋麵粉和高筋麵粉放入附蓋調理碗，用打蛋器攪拌，再加入1和溶解的乾式酵母攪拌。如果有粉狀殘留的話，可以再一點一點地加入1大匙牛奶（份量外）攪拌。上蓋，放在室溫30分鐘（冬天1小時），再放入冰箱冷藏8～24小時，進行一次發酵（夏天的話，可以放入冰箱冷藏20～24小時，不需要放在室溫，直接放入冰箱為佳）。

3　將麵糰和工作台撒上麵粉，刮板也撒麵粉，再將麵糰分成2等份（1個約255g）。切口朝內側將麵糰捏緊封口。封口朝下放在工作台上，用雙手按壓麵糰施力轉動揉圓（參照 p.16的7），再放到烤盤上。

4　在烤盤兩處放上裝著溫水的耐熱杯，噴上水氣。使用烤箱的發酵功能，以35～40°C發酵35～40分鐘。

5　從烤箱取出烤盤，麵糰膨脹一圈即代表二次發酵完成。烤箱以180°C預熱，烘烤15分鐘至整體上色為止。切成容易食用的大小，根據個人喜好塗上紅酒風味草莓果醬（參照 p.62）或是馬斯卡彭起司。

馬斯卡彭起司捲

紅糖和馬斯卡彭起司混合而成的奶油糖，
加熱過後，會呈現像焦糖奶油一樣的風味。
再放入香甜的葡萄乾，太好吃了。

材料　直徑7cm的瑪芬蛋糕烤模4個份

經過一次發酵的馬斯卡彭起司麵包麵糰
（p.57到2需要的材料）
……一半份量（約255g）

填餡

馬斯卡彭起司……50g
紅糖（或是蔗糖）……2大匙

葡萄乾……30g

前置作業

- 將葡萄乾放入耐熱容器，淋入熱水靜置5分鐘，用濾網瀝乾。
- 將填餡的材料放入調理碗拌勻。
- 將瑪芬蛋糕烤模塗上少許的奶油（份量外）。

1 將經過一次發酵的馬斯卡彭起司麵包麵糰和工作台撒上麵粉，擀麵棍也撒麵粉，再將麵糰擀成寬13×長20cm厚度均勻的四方形。用攪拌匙在麵糰塗上餡料（捲起封口處不需要塗上餡料），再撒上葡萄乾（a）。

2 將靠近身體這一側的麵糰摺入做出中心，往前捲至邊緣。用刮板切成4等份，切口朝上放入瑪芬蛋糕烤模（b），放入烤盤裡。在烤盤兩處放上裝著溫水的耐熱杯，整體鬆鬆地覆蓋上保鮮膜。使用烤箱的發酵功能，以35～40°C發酵35～40分鐘。

3 從烤箱取出烤盤，麵糰膨脹一圈即代表二次發酵完成。烤箱以180°C預熱，烘烤13～15分鐘至整體上色。

a

b

務必牢記
麵包保存方法和復熱訣竅

無法當天吃完的麵包，妥善保存就不會乾掉，復熱再享用吧！只要多一個步驟就能延長美味期限。

短時間保存

不管是鬆軟系麵包或酥脆系麵包，基本款麵包或是水分比較少的麵包，避免完全冷卻之後會乾燥，用保鮮膜包起來保存。根據季節會有不同的保存期限，冬天放在室溫請2天內食用完畢。使用奶油或是水分比較多的水果蔬菜類麵包，或是鹹食麵包則需要冷藏保存，可以保存到隔天。

長時間保存

可以室溫保存的麵包，也可以冷凍保存。為了每次只取出當次想要食用的份量，鬆軟系手撕麵包先撕開，再分別用保鮮膜包起來，酥脆系麵包則切片用保鮮膜包起來。為了預防乾燥或是沾染到其它食物的氣味，放入保存袋密封，再放入冷凍庫保存。可以在保存袋上寫出麵包的名稱和製作日期。兩週內吃完吧！

復熱

用小烤箱或是一般烤箱復熱的話，可以烤出像剛出爐的酥脆口感。重點是烘烤之前在麵包上噴水氣，補充水分。冷凍保存的麵包不需要解凍，直接噴上水氣烘烤，可以烤出表面酥香、內裡濕潤的質感。

義式烘蛋
葡萄柚酪梨沙拉

葡萄柚酪梨沙拉

材料　2人份

葡萄柚（如果有Ruby品種）……1顆
酪梨……1顆
萵苣……2片
茅屋起司……50g

醬汁

橄欖油……1大匙
檸檬汁……1小匙
鹽、現磨黑胡椒……各適量

1　取下葡萄柚的果肉。酪梨則直向切成4等份，再橫向切成7㎜寬度。萵苣切成方便食用的大小。

2　將醬汁的材料放入調理碗攪拌，加入1拌勻。盛盤，撒上茅屋起司和個人喜好的香草。

義式烘蛋（Frittata）

材料　2人份

綠蘆筍……2條
櫛瓜……1/2條（50g）

蛋液

雞蛋……2顆
鮮奶油（或是牛奶）……2大匙
帕瑪森起司碎……10g
鹽、胡椒……各適量

橄欖油……適量

1　削掉蘆筍根部比較硬的皮，再切成1.5㎝寬度，櫛瓜切成5㎜厚度的圓片。將蛋液的材料放入調理碗，用筷子邊打散雞蛋邊攪拌。

2　在平底鍋倒入1小匙橄欖油，以中火加熱，放入1的蔬菜，調成大火，快炒後取出。

3　將平底鍋擦拭乾淨，再放入1/2大匙的橄欖油，以中火加熱，倒入1的蛋液。四周膨脹起來之後，將2倒回鍋裡。蓋上鍋蓋，加熱2～3分鐘至表面凝固為止。

◦加入蔬菜之後，用烤爐或是烤箱烘烤2～3分鐘也可以。

紅酒風味草莓果醬
奶香醬

麵包的好朋友
午茶時間

吃麵包不可或缺的，
非果醬或是奶香醬莫屬。
因為是手作的，可以根據
自己的喜好調整甜度。

紅酒風味草莓果醬

材料　方便製作的份量

草莓……1盒（250g）
砂糖……80～100g
紅酒……2大匙
檸檬汁……1小匙

1 草莓不水洗，用廚房紙巾擦掉髒污（或是快洗），去掉蒂頭，放入鍋裡。倒入砂糖，用攪拌匙攪拌，讓草莓整體都裹上砂糖。倒入紅酒，靜置15分鐘至水分釋出為止。

2 開大火，煮沸之後轉中火，避免燒焦，不時從鍋底攪拌，煮約10～15分鐘（途中如果出現飛濺的情況，調成小火）。整體出現濃稠感之後熄火，加入檸檬汁攪拌。

奶香醬

材料　方便製作的份量

煉乳……40g
奶油（回復至室溫）……40g
整顆小豆蔻（如果有的話）……1顆

作法

將煉乳和奶油放入容器充分攪拌，取下小豆蔻的豆莢，磨碎種子後加入攪拌。

Chapter.2
酥脆系麵包

外側酥脆，內裡濕潤，適合當成主食的麵包。
基本款麵包只用了麵粉、鹽、砂糖
以及快速乾式酵母和水混合攪拌。
放入冰箱冷藏慢慢發酵，
因為含有大量空氣，麵糰質感柔軟為其特徵。
不加入多餘材料的基本款麵包，
素樸沒有特殊氣味，是會想要反覆製作的美味。
在麵糰裡加入香料、堅果或起司等具有個性的食材，
放入具有存在感的大塊馬鈴薯，
或是味噌核桃等延伸變化，都可以做出美味的麵包。
請享受任何意外組合的樂趣。

基本款酥脆系麵包

和鬆軟系麵包的作法一樣，將材料混合攪拌後，放入冰箱冷藏進行一次發酵。
水分比較多，質感柔軟是這個麵糰的特徵。
將麵糰分成一半揉圓，將烘焙紙的邊端扭緊做成簡易的烤模烘烤。
也可以使用厚鍋，直接將全部的麵糰揉圓烘烤，兩種方法這裡都會介紹。

材料 方便製作的份量・約550g

法國麵包專用麵粉（LYS D'OR）……300g
鹽……5g
A ┌ 溫水……10mℓ
 │ 快速乾式酵母（Saf紅標）……1g
 └ 蔗糖……3g
水……230mℓ

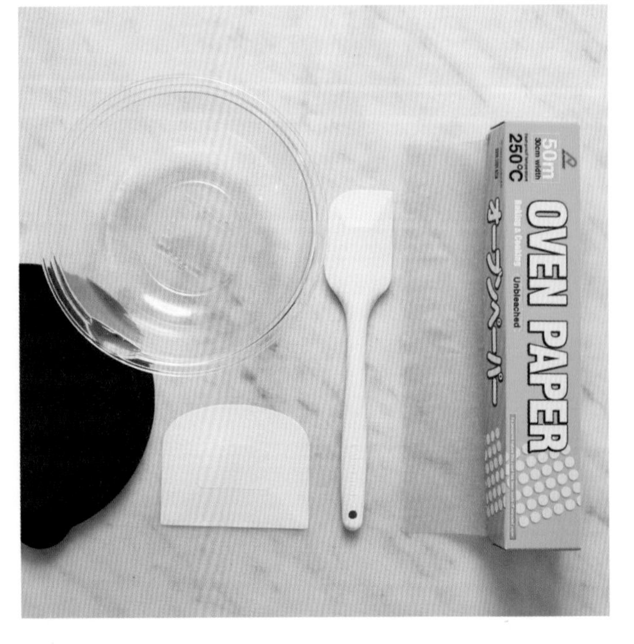

工具

附蓋調理碗（或是保存容器）
用來將材料攪拌混合發酵。這裡用的是塑膠製附蓋調理碗。
◦口徑21cm、高度10.5cm、容量1900mℓ

刮板
用來分切麵糰，揉圓整形時。使用前撒粉（法國麵包專用麵粉）就不容易沾黏。

攪拌匙
用在將材料攪拌混合時。

烘焙紙
烘烤時鋪在麵糰下方，摺起邊端扭緊，做成簡易的烤模使用。
◦寬度30cm的烘焙紙。使用長度35～40cm。

其它還有保鮮膜、麵包割刀等。

1 將 **A** 材料放入附蓋調理碗（或保存容器），用攪拌匙攪拌至充分溶解，再加水用攪拌匙持續攪拌。

2 將法國麵包專用麵粉和鹽混合後加入，用攪拌匙充分攪拌至沒有粉氣的狀態為止。

3

成糰之後上蓋，放在室溫1小時（冬天的話1小時30分鐘）之後，再放入冰箱冷藏10～24小時（夏天的話，可以放入冰箱冷藏16～24小時，不需要放在室溫，直接放入冰箱冷藏為佳）。

4

麵糰膨脹成2倍左右之後，即代表一次發酵完成。

◦如果沒有膨脹到2倍大小，稍微放在室溫等待。

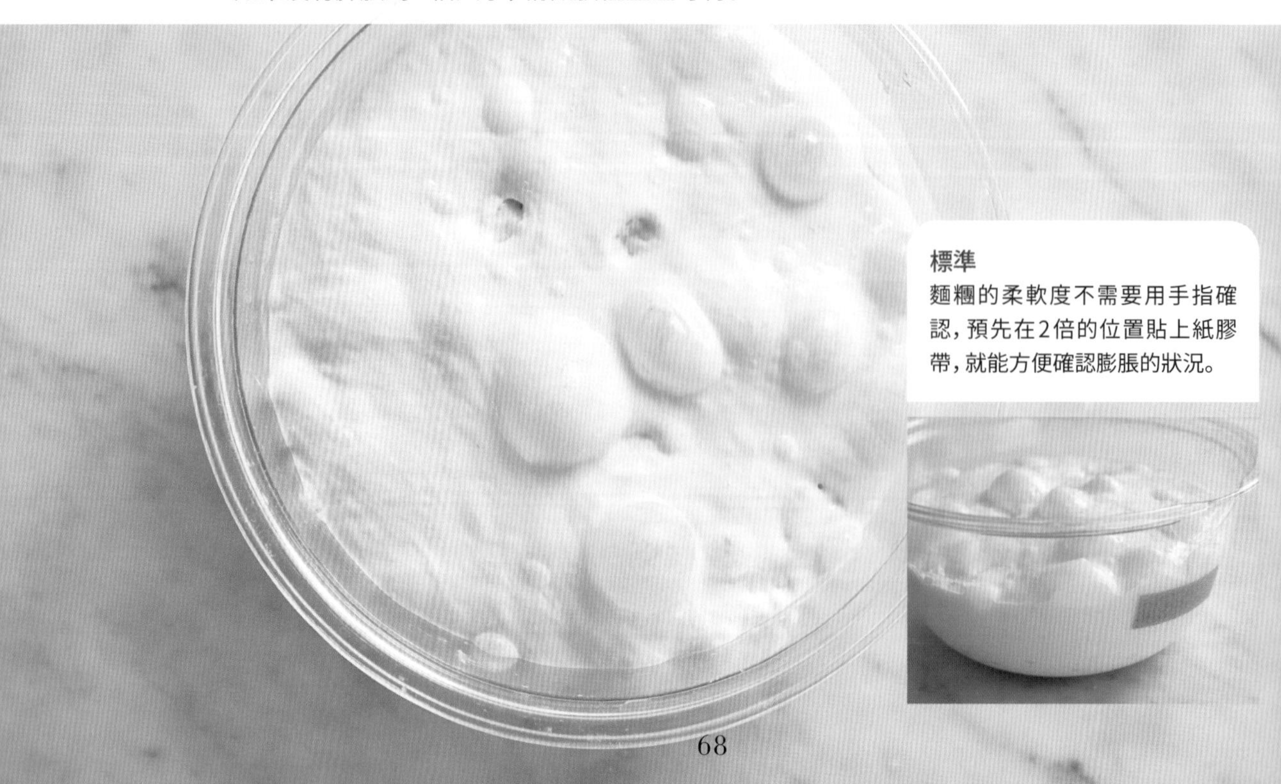

標準

麵糰的柔軟度不需要用手指確認，預先在2倍的位置貼上紙膠帶，就能方便確認膨脹的狀況。

5 在麵糰的表面和工作台撒上麵粉，刮板也撒粉插入麵糰周圍轉動一圈。

6 將調理碗倒扣，讓麵糰掉落在工作台上。

標準
確實殘留氣泡是理想的麵糰狀態。如果氣泡會下垂表示過度發酵（解方參照 p.108的 Q&A）。

7 在刮板撒粉，將麵糰直向切半。以左右、上下的順序用刮板摺疊麵糰。
◦如果是放入餡料的麵包，放上餡料之後，再左右、上下摺三摺，接著以長邊對半切。

8 手撒粉，用刮板將麵糰翻面，再插入四角整成圓形，另一個麵糰也以相同的方法製作。將烘焙紙剪成長度35～40㎝2片，放在工作台上，再將麵糰各別放在烘焙紙的中間。

9 將烘焙紙拉起四角扭緊，讓麵糰鬆鬆地包起來。

◦這個步驟會進行二次發酵，麵糰會膨脹一圈，需要預留膨脹的空間。扭緊四角的話，麵糰會橫向延展，可以烤出平坦的麵包。

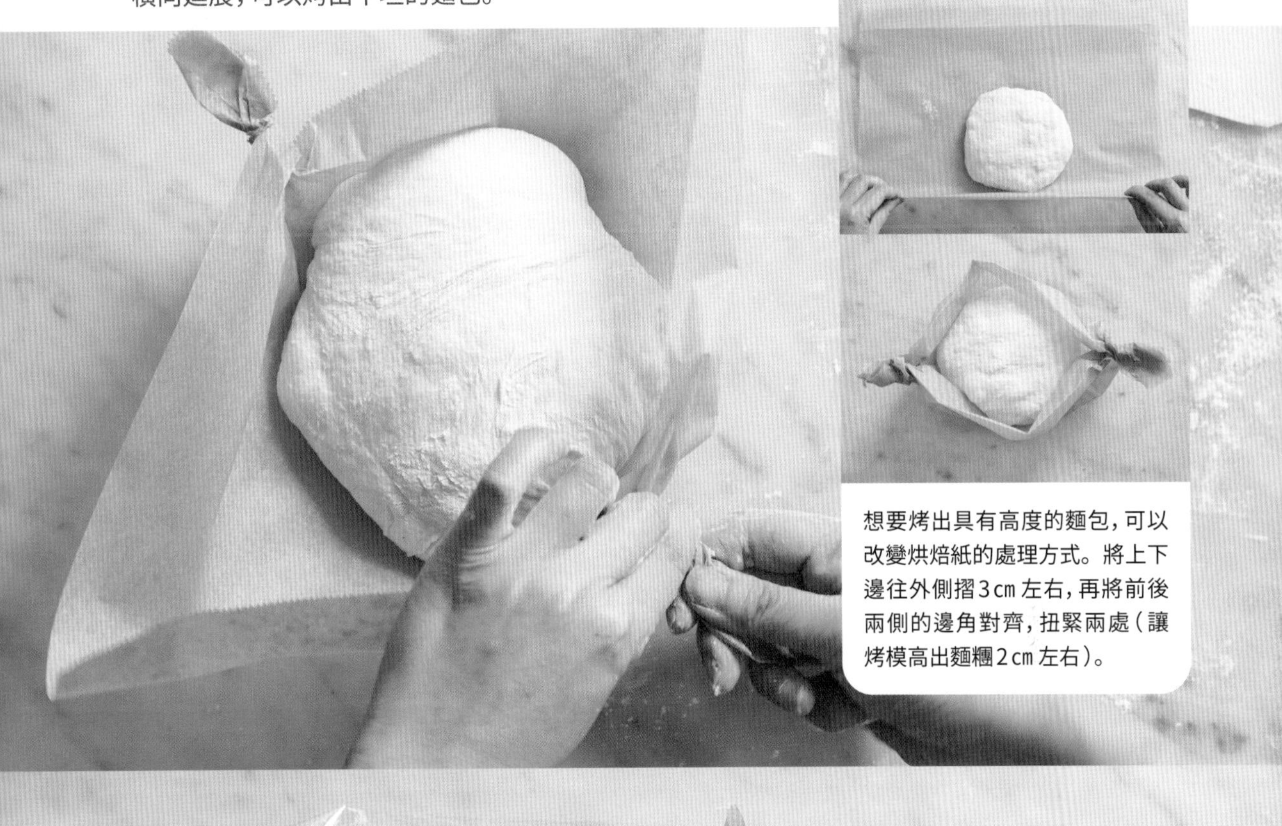

想要烤出具有高度的麵包，可以改變烘焙紙的處理方式。將上下邊往外側摺3㎝左右，再將前後兩側的邊角對齊，扭緊兩處（讓烤模高出麵糰2㎝左右）。

10 將麵糰放入烤盤，在烤盤兩處放上裝著溫水的耐熱杯，整體鬆鬆地覆蓋上保鮮膜。使用烤箱的發酵功能，以35～40° C 發酵40～50分鐘。

11 麵糰膨脹一圈之後，即代表二次發酵完成。取出麵糰，將烤盤放回烤箱，以250°C預熱。在麵糰上用篩網篩上適量的法國麵包專用麵粉，用麵包割刀劃出1～2道切口，噴上水氣。

12 取出烤盤，放入麵糰，將烤箱調降成230°C，烘烤20分鐘至整體上色為止。
◦如果是無法調降溫度的烤箱，先取消250°C的預熱，不預熱直接設定230°C烘烤。或是以250°C預熱，注意不要燒焦地直接烘烤。

烘焙紙烤模只有扭緊兩處的話(參照p.71的9)，烘烤15分鐘之後，先鬆開扭緊的部分(小心燙傷)，再繼續烘烤5分鐘至麵包下半部也上色為止。

用厚鍋烘烤的時候

使用珐瑯等厚鍋烘烤的話，不需要將麵糰分成兩份，直接烤出大尺寸的麵包。以 p.67 ～69的1～6相同方法，讓麵糰一次發酵後放在工作台上，7～12則使用厚鍋（這裡用的是直徑20cm的Staub），根據下列的要領進行二次發酵後烘烤。比起烘焙紙烤模，可以烤出表面酥脆、內裡濕潤的口感。

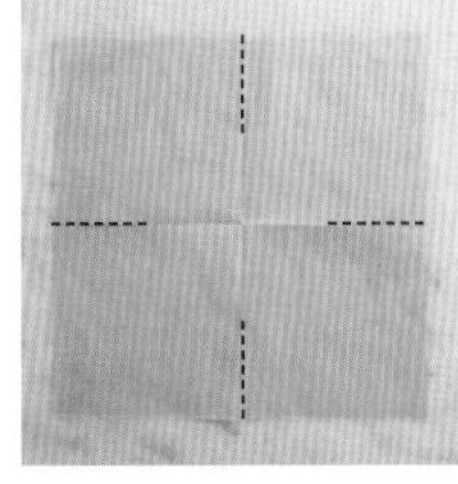

------- 切口

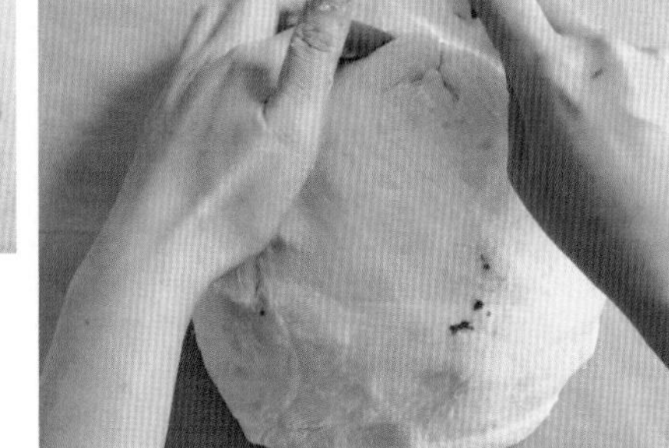

7～10

將刮板和手撒粉，不需要分切麵糰，用刮板整成一個麵糰。用刮板插入麵糰的四角整成圓形。將裁剪成35cm左右的烘焙紙如照片（左）位置剪出切口，再將麵糰放在中間。接著，將烘焙紙和麵糰放入附蓋調理碗裡，使用烤箱的發酵功能同樣進行二次發酵（參照p.71的10）。

11～12

將經過二次發酵的麵糰放入調理碗裡，撒上法國麵包專用麵粉，用麵包割刀劃出切口，噴上水氣（參照 p.72的11）。將上蓋的鍋子放入烤盤，再放入烤箱以250°C預熱。取出烤盤和鍋子，將烘焙紙和麵糰放入鍋裡，上蓋（小心燙傷）。調降至230°C烘烤20分鐘，取出烤盤取下鍋蓋，再烘烤20分鐘至上色為止。

◦如果有放上洋蔥、香料或香草等小小食材容易烤焦，盡量不要讓表面超出鍋蓋地烘烤。

孜然芝麻杏仁麵包

這款麵包的食材組合，可以一次享受香料和堅果的香氣口感。
類似中東異國風味的麵包。當成小菜也很合適。

材料　約15×14㎝的橢圓形2個份

經過一次發酵的基本款酥脆系麵包麵糰
（p.66～68到4為止使用的材料）
……全部份量（約550g）

A
- 孜然……滿滿1大匙（10g）
- 白芝麻……3大匙（20g）
- 杏仁（無鹽）……30g

表面配料
- 孜然……1大匙
- 白芝麻……1大匙
- 杏仁（無鹽）……10g
- 鹽……1/3小匙

橄欖油……少許

前置作業

- 將**A**和表面配料用的杏仁略切碎。
- **A**的杏仁使用烤過的，或是用平底鍋乾煎過。
- 將表面配料用的杏仁放入容器裡，加入可以浸滿的水量靜置5分鐘，再用濾網瀝乾。
- 將烘焙紙裁剪成長度35～40㎝的2片。

1 將經過一次發酵的基本款酥脆系麵包麵糰和工作台撒上麵粉，再將麵糰放在工作台上。在自然攤開的麵糰撒上一半份量的**A**，刮板撒粉，將麵糰摺三摺（a）。將麵糰轉向90度，輕壓延展開，撒上剩下的**A**，同樣地摺三摺（b）。

2 刮板撒粉，切成2等份。手撒粉，用刮板將麵糰翻面，插入四角整成圓形。

3 將麵糰放在烘焙紙的中間，提起烘焙紙的四角扭緊，再將麵糰鬆鬆地包起來。放入烤盤，在烤盤兩處放上裝著溫水的耐熱杯，整體鬆鬆地覆蓋上保鮮膜。使用烤箱的發酵功能，以35～40°C發酵40～50分鐘。

4 取出烤盤，麵糰膨脹一圈即代表二次發酵完成。將烤盤放入烤箱裡以250°C預熱。在麵糰噴上水氣（c），每個麵糰各撒上一半份量的表面配料，淋上橄欖油。

5 取出烤盤放入麵糰，將預熱過的烤箱調降成230°C，烘烤20分鐘至整體上色為止。

a

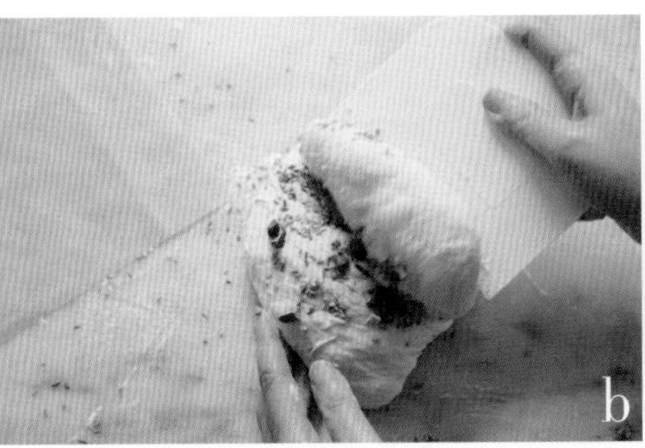
b

c

蒔蘿奶油起司麵包

讓奶油起司吃起來能夠保留口感，撕成大塊一點是製作上的訣竅。
可以品嘗到清爽蒔蘿風味的一款麵包。

材料　約15×14㎝的橢圓形2個份

經過一次發酵的基本款酥脆系麵包麵糰
（p.66～68到4為止使用的材料）
……全部份量（約550g）

蒔蘿葉（略切）……1包份（約10g）
奶油起司……100g

前置作業

・將烘焙紙裁剪成長度35～40㎝的2片。

1 將經過一次發酵的基本款酥脆系麵包麵糰和工作台撒上麵粉，再將麵糰放在工作台上。在自然攤開的麵糰撒上一半份量的蒔蘿，將50g的奶油起司撕下放在麵糰5～6處（a）。刮板撒粉，將麵糰摺三摺（參照p.75的a）。將麵糰轉向90度，輕壓延展開，撒上剩下的蒔蘿和奶油起司，同樣地摺三摺（參照p.75的b）。

2 刮板撒粉，切成2等份。手撒粉，用刮板將麵糰翻面，插入四角整成圓形。

3 將麵糰放在烘焙紙的中間，烘焙紙的上下邊往外側摺3㎝，再將前後側的邊角對齊扭緊，將麵糰鬆鬆地包起來。放入烤盤，在烤盤兩處放上裝著溫水的耐熱杯，整體鬆鬆地覆蓋上保鮮膜。使用烤箱的發酵功能，以35～40°C發酵40～50分鐘。

4 取出烤盤，麵糰膨脹一圈即代表二次發酵完成。將烤盤放入烤箱裡以250°C預熱。在麵糰表面撒上適量的法國麵包專用麵粉，劃出一道切口，噴上水氣。

5 取出烤盤放入麵糰，將預熱過的烤箱調降成230°C，烘烤15分鐘，將烘焙紙扭緊部分解開（小心燙傷），再烘烤5分鐘至整體上色為止。

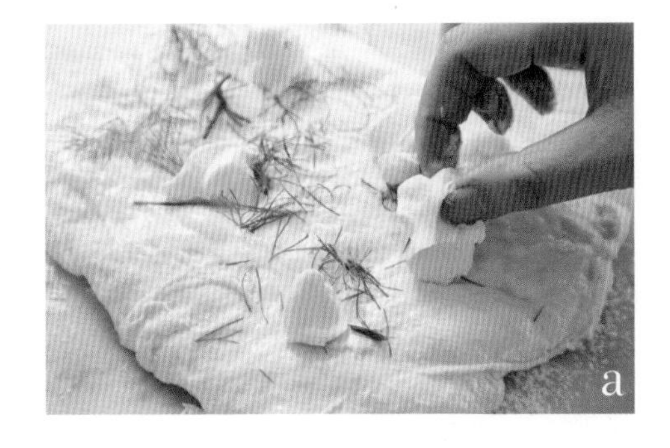
a

馬鈴薯培根黃芥末麵包

用平底鍋炒馬鈴薯和培根，做成德式煎馬鈴薯的風味。
麵包和鬆軟馬鈴薯的口感組合，屬於吃過會想念的美味。

材料　約15×14cm的橢圓形2個份

經過一次發酵的基本款酥脆系麵包麵糰
（p.66～68到4為止使用的材料）
……全部份量（約550g）

馬鈴薯……2～3顆（320g）
培根片（寬度1cm）……100g
黃芥末……2小匙

表面配料
培根片（寬度1cm）……15g

前置作業
・將烘焙紙裁剪成長度35～40cm的2片。

1　將馬鈴薯帶皮一個一個用保鮮膜包起來，再放入微波爐加熱7分鐘至可以用竹籤刺穿的狀態為止。趁熱去皮，切成小一點的一口大小（a）。將麵糰用的培根放入平底鍋，用中火加熱至逼出油脂之後，加入馬鈴薯大略拌炒，讓馬鈴薯沾滿油脂，盛起放入調理盤，待其完全冷卻。

2　將經過一次發酵的基本款酥脆系麵包麵糰和工作台撒上麵粉，再將麵糰放在工作台上。在自然攤開的麵糰撒上一半份量的1，四處撒上1小匙的黃芥末。刮板撒粉，將麵糰摺三摺（參照p.75的a）。將麵糰轉向90度，輕壓延展開，撒上剩下的1和黃芥末，同樣地摺三摺（參照p.75的b）。

3　刮板撒粉，切成2等份。手撒粉，用刮板將麵糰翻面，插入四角整成圓形。

4　將麵糰放在烘焙紙的中間，烘焙紙的上下邊往外側摺3cm，再將前後側的邊角對齊扭緊，將麵糰鬆鬆地包起來。放入烤盤，在烤盤兩處放上裝著溫水的耐熱杯，整體鬆鬆地覆蓋上保鮮膜。使用烤箱的發酵功能，以35～40°C發酵40～50分鐘。

5　取出烤盤，麵糰膨脹一圈即代表二次發酵完成。將烤盤放入烤箱裡以250°C預熱。在麵糰表面撒上適量的法國麵包專用麵粉，劃出十字切口，噴上水氣，在每個麵糰各撒上一半份量的表面配料。

6　取出烤盤放入麵糰，將預熱過的烤箱調降成230°C，烘烤15分鐘，將烘焙紙扭緊部分解開（小心燙傷），再烘烤5分鐘至整體上色為止。

a

PINOT NOIR

洋蔥櫻花蝦麵包

在表面配料的食材淋上橄欖油，會更酥香。
在麵糰裡放入食材，烤得軟化的洋蔥香甜味會更明顯。

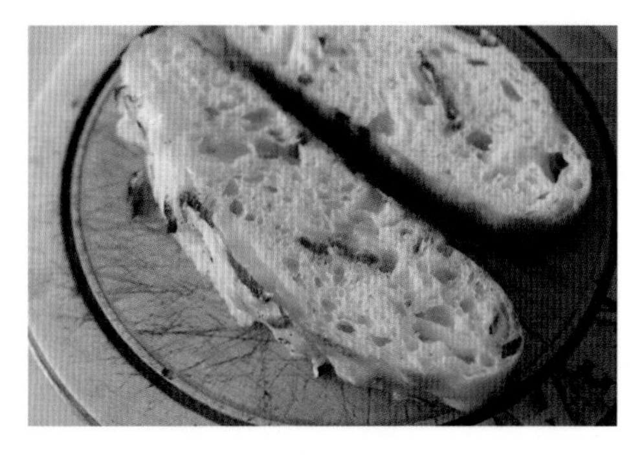

材料　約15×14cm的橢圓形2個份

經過一次發酵的基本款酥脆系麵包麵糰
（p.66～68到4為止使用的材料）
……全部份量（約550g）

洋蔥（切薄片）……140g
櫻花蝦……15g

表面配料
洋蔥（切薄片）……20g
櫻花蝦……2小匙

橄欖油……4大匙
現磨黑胡椒……少許

前置作業

・將烘焙紙裁剪成長度35～40cm的2片。

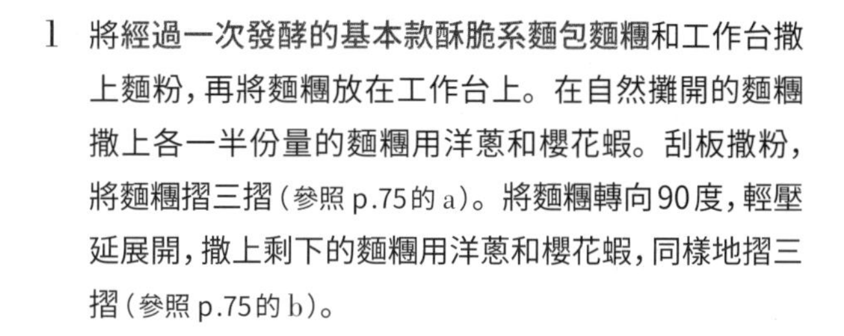

1　將經過一次發酵的基本款酥脆系麵包麵糰和工作台撒上麵粉，再將麵糰放在工作台上。在自然攤開的麵糰撒上各一半份量的麵糰用洋蔥和櫻花蝦。刮板撒粉，將麵糰摺三摺（參照p.75的a）。將麵糰轉向90度，輕壓延展開，撒上剩下的麵糰用洋蔥和櫻花蝦，同樣地摺三摺（參照p.75的b）。

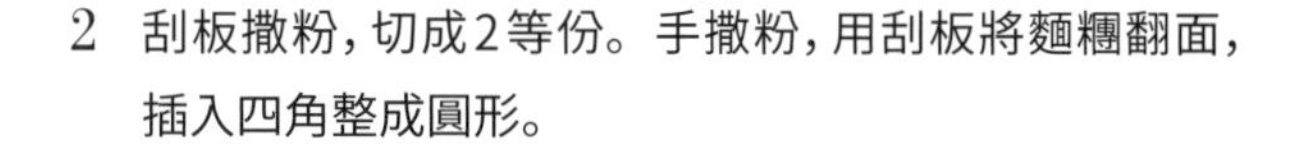

2　刮板撒粉，切成2等份。手撒粉，用刮板將麵糰翻面，插入四角整成圓形。

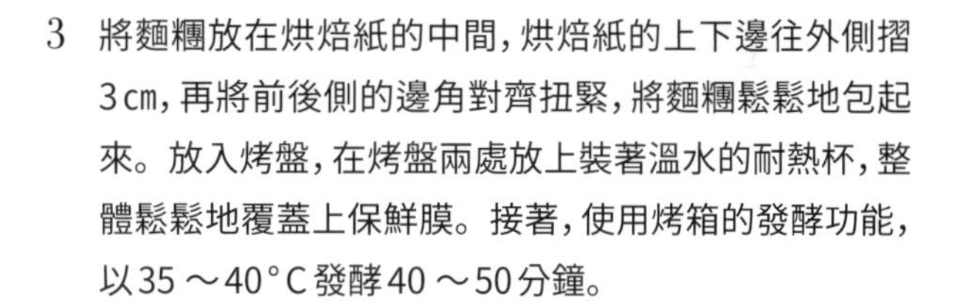

3　將麵糰放在烘焙紙的中間，烘焙紙的上下邊往外側摺3cm，再將前後側的邊角對齊扭緊，將麵糰鬆鬆地包起來。放入烤盤，在烤盤兩處放上裝著溫水的耐熱杯，整體鬆鬆地覆蓋上保鮮膜。接著，使用烤箱的發酵功能，以35～40°C發酵40～50分鐘。

4　取出烤盤，麵糰膨脹一圈即代表二次發酵完成。將烤盤放入烤箱裡以250°C預熱。在麵糰淋上1大匙的橄欖油，用手指壓出8～9個孔洞（a）。在表面撒上各一半份量的表面配料用洋蔥和櫻花蝦，淋上1大匙橄欖油，撒上胡椒（b），噴上水氣。

5　取出烤盤放入麵糰，將預熱過的烤箱調降成230°C，烘烤15分鐘，將烘焙紙扭緊部分解開（小心燙傷），再烘烤5分鐘至整體上色為止。

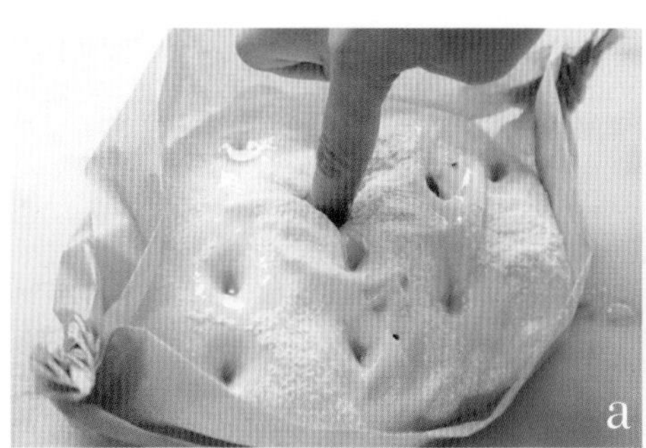
a

b

蓮藕義大利香芹麵包

配料酥脆，像蓮藕片一樣清脆，和義大利香芹的香氣也很搭配。
這款麵包可以享受到脆脆的蓮藕口感。

材料　約15×14㎝的橢圓形2個份

經過一次發酵的基本款酥脆系麵包麵糰
（p.66～68到4為止使用的材料）
……全部份量（約550g）

蓮藕……100g
義大利香芹…約1/3包（5g）
橄欖油……4大匙
鹽……適量
現磨黑胡椒……少許

前置作業

- 將烘焙紙裁剪成長度35～40㎝的2片。
- 將8片義大利香芹葉當成表面配料先取下備用。

a

1　將蓮藕帶皮直向對半切，先切出10片厚度3～4㎜的半月形當成表面配料用，剩下的切成銀杏狀。瀝乾水分，用廚房紙巾擦乾水分。將除了表面配料用的義大利香芹切碎。

2　將經過一次發酵的基本款酥脆系麵包麵糰和工作台撒上麵粉，再將麵糰放在工作台上。在自然攤開的麵糰撒上1各一半份量的麵糰用料。刮板撒粉，將麵糰摺三摺（參照p.75的a）。將麵糰轉向90度，輕壓延展開，撒上1剩下的麵糰用料，同樣地摺三摺（參照p.75的b）。

3　刮板撒粉，切成2等份。手撒粉，用刮板將麵糰翻面，插入四角整成圓形。

4　將麵糰放在烘焙紙的中間，烘焙紙的上下邊往外側摺3㎝，再將前後側的邊角對齊扭緊，將麵糰鬆鬆地包起來。放入烤盤，在烤盤兩處放上裝著溫水的耐熱杯，整體鬆鬆地覆蓋上保鮮膜。接著，使用烤箱的發酵功能，以35～40°C發酵40～50分鐘。

5　取出烤盤，麵糰膨脹一圈即代表二次發酵完成。將烤盤放入烤箱裡以250°C預熱。在麵糰淋上1大匙的橄欖油，用手指壓出8～9個孔洞（參照p.81的a）。在表面撒上各一半份量的表面配料用蓮藕和義大利香芹葉，再淋上1大匙橄欖油，撒上1小撮鹽和胡椒（a），噴上水氣。

6　取出烤盤放入麵糰，將預熱過的烤箱調降成230°C，烘烤15分鐘，將烘焙紙扭緊部分解開（小心燙傷），再烘烤5分鐘至整體上色為止。

無花果藍起司麵包

無花果經過紅酒浸漬，香味更佳，口感更柔軟。
使用厚鍋烘烤，可以烤出蓬鬆的高度，表面整體酥脆焦香。

材料　直徑20cm厚鍋1個份

經過一次發酵的基本款酥脆系麵包麵糰
(p.66～68到4為止使用的材料)
……全部份量(約550g)

無花果乾……160g
藍起司……60g
紅酒……2大匙

前置作業

・將烘焙紙裁剪成長度35～40cm的2片，再剪出切口(參照p.73的7～10)。

。不使用厚鍋，也可以用烘焙紙烤模烘烤。請以和基本款酥脆系麵包(p.70～72的7～12)相同的方法製作。

1　將無花果乾略切後放入耐熱容器，倒入紅酒，鬆鬆地覆蓋上保鮮膜，用微波爐加熱30秒。將藍起司切成2cm的方塊(a)。

2　將經過一次發酵的基本款酥脆系麵包麵糰和工作台撒上麵粉，再將麵糰放在工作台上。在自然攤開的麵糰撒上1各一半份量的麵糰用料。刮板撒粉，將麵糰摺三摺(參照p.75的a)。將麵糰轉向90度，輕壓延展開，撒上1剩下的麵糰用料(b)，同樣地摺三摺(參照p.75的b)。

3　刮板和手撒麵粉，用刮板將麵糰翻面，插入四個邊角整成圓形。

4　以和用厚鍋烘烤基本款酥脆系麵包相同的方法(參照p.73)，將3放在烘焙紙的中間，再將烘焙紙連著麵糰放入附蓋調理碗，再放入烤盤，在烤盤兩處放上裝著溫水的耐熱杯，整體鬆鬆地覆蓋上保鮮膜。使用烤箱的發酵功能，以35～40°C發酵40～50分鐘。

5　取出烤盤，麵糰膨脹一圈即代表二次發酵完成。將上蓋的鍋子放入烤盤，再放入烤箱裡以250°C預熱。在麵糰撒上適量法國麵包專用麵粉，劃出十字切口，噴上水氣。

6　取出烤盤，將5連著烘焙紙放入鍋子上蓋(小心燙傷)。將預熱過的烤箱調降成230°C，烘烤20分鐘。取下鍋蓋，再烘烤20分鐘至整體上色為止(途中觀察烘烤的狀態，如果起司快要燒焦的話，可以調降成200°C烘烤)。

a

b

毛豆切達起司麵包

咖哩粉風味在嘴裡擴散開來，
放入大量的毛豆和起司促進食欲。
起司不一定要用切達起司，自己喜好的起司種類也可以。

材料　約15×14cm的橢圓形2個份

經過一次發酵的基本款酥脆系麵包麵糰
（p.66～68到4為止使用的材料）
……全部份量（約550g）

毛豆（帶莢）……200g（淨重100g）
切達起司……100g
咖哩粉……1小匙

前置作業

- 將毛豆燙過去莢（a，或是使用冷凍毛豆也可以）。
- 將切達起司切成7mm的方塊（a）。
- 將烘焙紙裁剪成長度35～40cm的2片。

1 將經過一次發酵的基本款酥脆系麵包麵糰和工作台撒上麵粉，再將麵糰放在工作台上。在自然攤開的麵糰撒上一半份量的毛豆和起司，再撒上一半份量的咖哩粉。刮板撒粉，將麵糰摺三摺（參照p.75的a）。將麵糰轉向90度，輕壓延展開，撒上剩下的毛豆和起司，再撒上剩下的咖哩粉，同樣地摺三摺（參照p.75的b）。

2 刮板撒粉，切成2等份。手撒粉，用刮板將麵糰翻面，插入四角整成圓形。

3 將麵糰放在烘焙紙的中間，烘焙紙的上下邊往外側摺3cm，再將前後側的邊角對齊扭緊，將麵糰鬆鬆地包起來。放入烤盤，在烤盤兩處放上裝著溫水的耐熱杯，整體鬆鬆地覆蓋上保鮮膜。接著，使用烤箱的發酵功能，以35～40°C發酵40～50分鐘。

4 取出烤盤，麵糰膨脹一圈即代表二次發酵完成。將烤盤放入烤箱裡以250°C預熱。在麵糰表面撒上適量的法國麵包專用麵粉，劃出一道切口，噴上水氣。

5 取出烤盤放入麵糰，將預熱過的烤箱調降成230°C，烘烤15分鐘，將烘焙紙扭緊部分解開（小心燙傷），再烘烤5分鐘至整體上色為止。

海苔魩仔魚麵包

在麵粉裡加入海苔，麵包整體可以吃出海苔的風味。
麵包裡和表面配料的魩仔魚，鹽味也會充分釋放。

材料　約15×14cm的橢圓形2個份

麵糰

法國麵包專用麵粉（LYS D'OR）……300g
海苔……3g
鹽……5g
A　溫水……10mℓ
　快速乾式酵母（Saf紅標）……1g
　蔗糖……3g
水……230mℓ

魩仔魚乾……50g
橄欖油……2大匙

前置作業

- 將法國麵包專用麵粉、海苔、鹽放入調理碗，用打蛋器攪拌（a）。
- 將烘焙紙裁剪成長度35～40cm的2片。

a

b

1　以和基本款酥脆系麵包（參照p.67～68的1～4）的1相同的方法，將A的材料溶解，加水，在2加入準備好的粉類攪拌。之後以相同的方法製作麵糰，放在室溫1小時（冬天的話1小時30分鐘），再放入冰箱冷藏10～24小時，進行一次發酵（夏天的話，可以放入冰箱冷藏16～24小時，不需要放在室溫，直接放入冰箱冷藏為佳）。

2　在麵糰和工作台撒上麵粉，再將麵糰放在工作台上。在自然攤開的麵糰撒上20g的魩仔魚。刮板撒粉，將麵糰摺三摺（參照p.75的a）。接著，將麵糰轉向90度，輕壓延展開，撒上20g的魩仔魚，同樣地摺三摺（參照p.75的b）。

3　刮板撒粉，切成2等份。手撒粉，用刮板將麵糰翻面，插入四角整成圓形。

4　將麵糰放在烘焙紙的中間，烘焙紙的上下邊往外側摺3cm，再將前後側的邊角對齊扭緊，將麵糰鬆鬆地包起來。放入烤盤，在烤盤兩處放上裝著溫水的耐熱杯，整體鬆鬆地覆蓋上保鮮膜。接著，使用烤箱的發酵功能，以35～40°C發酵40～50分鐘。

5　取出烤盤，麵糰膨脹一圈即代表二次發酵完成。將烤盤放入烤箱裡以250°C預熱。在每一個麵糰撒上5g的魩仔魚，淋上1大匙的橄欖油，劃出一道切口，噴上水氣。

6　取出烤盤放入麵糰，將預熱過的烤箱調降成230°C，烘烤15分鐘，將烘焙紙扭緊部分解開（小心燙傷），再烘烤5分鐘至整體上色為止（b）。

全麥蜂蜜麵包

將全麥麵粉混入法國麵包專用麵粉，做成素樸風味的麵包。
和全麥麵粉很搭配的蜂蜜，可以讓麵包口感濕潤，不會乾燥。

材料　直徑20cm的厚鍋1個份

麵糰
法國麵包專用麵粉（LYS D'OR）……240g
全麥麵粉……60g
鹽……5g
A　溫水……10mℓ
　快速乾式酵母（Saf紅標）……1g
　蔗糖……3g
蜂蜜……15g
水……230mℓ

前置作業

- 將法國麵包專用麵粉、全麥麵粉、鹽放入調理碗，用打蛋器攪拌。
- 將烘焙紙裁剪成長度35～40cm的2片，剪出切口（參照p.73的7～10）。

◦不使用厚鍋，也可以使用烘焙紙烤模。以和基本款酥脆系麵包（p.70～72的7～12）相同的方法製作。

全麥麵粉

和除去表皮、胚芽製粉的低筋麵粉以及高筋麵粉不同，因為是使用完整的小麥磨製，外觀為咖啡色，風味豐富。

1　以和基本款酥脆系麵包相同的方法（參照p.67～68的1～4），在1將**A**的材料溶解，加水和蜂蜜攪拌。在2加入準備好的粉類攪拌。之後以相同的方法製作麵糰，放在室溫1小時（冬天的話1小時30分鐘），再放入冰箱冷藏10～24小時，進行一次發酵（夏天的話，可以放入冰箱冷藏16～24小時，不需要放在室溫，直接放入冰箱冷藏為佳）。

2　在麵糰和工作台撒上麵粉，再將麵糰放在工作台上。刮板撒粉，依據左右上下的順序摺疊麵糰。手撒粉，用刮板將麵糰翻面，插入四角整成圓形。

3　以和用厚鍋烘烤基本款酥脆系麵包相同的方法（參照p.73），將2放在烘焙紙中間，再將烘焙紙連著麵糰放入附蓋調理碗，接著放入烤盤，在烤盤兩處放上裝著溫水的耐熱杯，整體鬆鬆地覆蓋上保鮮膜。使用烤箱的發酵功能，以35～40°C發酵40～50分鐘。

4　取出烤盤，麵糰膨脹一圈即代表二次發酵完成。將上蓋的鍋子放入烤盤，再放入烤箱裡以250°C預熱。在麵糰撒上適量法國麵包專用麵粉，劃出十字切口，噴上水氣。

5　取出烤盤，將4連著烘焙紙放入鍋子，上蓋（小心燙傷）。將預熱過的烤箱調降成230°C，烘烤20分鐘。取下鍋蓋，再烘烤20分鐘至整體上色為止。

燕麥楓糖麵包

加入麵糰裡的燕麥，吸飽大量的水分，形成Q彈的口感。
楓糖漿的柔和甜味和燕麥獨特風味交織而成的一款美味麵包。
表面配料的燕麥，不噴水氣的話會烤焦，不要忘記喔！

材料　直徑20cm厚鍋1個份

麵糰
法國麵包專用麵粉（LYS D'OS）……200g
A　溫水……10mℓ
　快速乾式酵母（Saf紅標）……1g
　蔗糖……3g
B　燕麥（Rolled Oats）……45g
　楓糖漿……45g
　鹽……3g
　溫水……150mℓ

表面配料
燕麥（Rolled Oats）……30g

前置作業

- 將B的材料放入調理碗攪拌，靜置30分鐘左右泡開（a）。
- 將烘焙紙剪成長度35～40cm，再剪出切口（參照p.73的7～10）。

◦不使用厚鍋，用烘焙紙烤模烘烤也可以。以和基本款酥脆系麵包（p.70～72的7～12）相同的方法製作。

1 以和基本款酥脆系麵包相同的方法（參照p.67～68的1～4），在1將A的材料溶解，和泡開的B一起加入攪拌。之後以相同的方法製作麵糰，放在室溫約1小時（冬天的話1小時30分鐘），再放入冰箱冷藏10～24小時，進行一次發酵（夏天的話，可以放入冰箱冷藏16～24小時，不需要放在室溫，直接放入冰箱冷藏為佳）。

2 在麵糰和工作台撒上麵粉，再將麵糰放在工作台上。刮板撒粉，依據左右上下的順序摺疊麵糰。手撒粉，用刮板將麵糰翻面，插入四角整成圓形。

3 以和用厚鍋烘烤基本款酥脆系麵包相同的方法（參照p.73），將2放在烘焙紙的中間，再將烘焙紙連著麵糰放入附蓋調理碗，接著放入烤盤，在烤盤兩處放上裝著溫水的耐熱杯，整體鬆鬆地覆蓋上保鮮膜。使用烤箱的發酵功能，以35～40°C發酵40～50分鐘。

4 取出烤盤，麵糰膨脹一圈即代表二次發酵完成。將上蓋的鍋子放入烤盤，放入烤箱裡以250°C預熱。在麵糰噴上水氣，撒上表面配料用的燕麥，再噴上水氣（b），劃出一道切口。

5 取出鍋子，將4連著烘焙紙放入鍋子上蓋（小心燙傷）。將預熱過的烤箱調降成230°C，烘烤20分鐘。取下鍋蓋，再烘烤20分鐘至整體上色為止（如果表面快要烤焦的話，剩下5分鐘的時候調降成210°C烘烤）。

燕麥
將燕麥磨碎的穀物片。這款麵包加入的燕麥吸飽水分，像粥一樣的口感，表面配料的燕麥則會烤出焦香的口感。

a

b

表面配料用的燕麥容易烤焦，最後一定要再噴上水氣。

番茄橄欖麵包

取代水，用番茄汁做出紅色的麵包。
番茄的酸味和橄欖的鹹味形成絕妙的搭配。

材料　約15×14cm橢圓形2個份

麵糰
法國麵包專用麵粉（LYS D'OR）……300g
鹽……5g
A　溫水……10ml
　快速乾式酵母（Saf紅標）……1g
　蔗糖……3g
番茄汁（無鹽）……230ml

番茄乾……30g
黑橄欖（無籽）……60g
橄欖油……2小匙

表面配料
百里香……4枝

前置作業
・將烘焙紙剪成長度35～40cm的2片。

番茄汁
不加鹽的100%番茄原汁。想要讓果汁的顏色釋放在麵糰裡，因此請選用色澤濃郁的果汁，成色會比較漂亮。

a

1　以和基本款酥脆系麵包相同的方法（參照p.67～68的1～4），在1將A的材料溶解，取代水加入番茄汁攪拌。之後以相同的方法製作麵糰，放在室溫1小時（冬天的話1小時30分鐘），再放入冰箱冷藏10～24小時，進行一次發酵（夏天的話，可以放入冰箱冷藏16～24小時，不需要放在室溫，直接放入冰箱冷藏為佳）。

2　將番茄乾放入耐熱容器，淋入熱水靜置5分鐘。用濾網瀝乾水分，略切塊。將黑橄欖切成厚度3mm的圓切片，取14～16片當成表面配料用。

3　在麵糰和工作台撒上麵粉，再將麵糰放在工作台上，自然地攤開麵糰，撒上一半份量的2。刮板撒粉，將麵糰摺三摺（參照p.75的a）。將麵糰轉向90度，輕壓延展開，撒上剩下的2，同樣地摺三摺（參照p.75的b）。

4　刮板撒粉，切成2等份。手撒粉，用刮板將麵糰翻面，插入四角整成圓形。

5　將麵糰放在烘焙紙的中間，烘焙紙的上下邊往外側摺3cm，再將前後側的邊角對齊扭緊，將麵糰鬆鬆地包起來。放入烤盤，在烤盤兩處放上裝著溫水的耐熱杯，整體鬆鬆地覆蓋上保鮮膜。接著，使用烤箱的發酵功能，以35～40°C發酵40～50分鐘。

6　取出烤盤，麵糰膨脹一圈即代表二次發酵完成。將烤盤放入烤箱裡以250°C預熱。在每個麵糰淋上1/2小匙的橄欖油，撒上一半份量的表面配料用橄欖，放上2枝百里香（a）。再淋上1/2小匙的橄欖油，劃出一道切口，噴上水氣。取出烤盤放入麵糰，將預熱過的烤箱調降成230°C，烘烤10分鐘。將溫度調降至200°C烘烤5分鐘，將烘焙紙扭緊部分解開（小心燙傷），再烘烤5分鐘至整體上色為止。

味噌核桃大理石麵包

將基本款麵糰和味噌麵糰各別進行一次發酵，再重疊摺成大理石狀。
有意無意出現的味噌鹹味和核桃的香氣很搭配。

材料 約15×14cm橢圓形2個份

麵糰
法國麵包專用麵粉（LYS D'OR）⋯⋯300g
鹽⋯⋯1g
A 溫水⋯⋯10mℓ
快速乾式酵母（Saf紅標）⋯⋯1g
蔗糖⋯⋯3g
水⋯⋯230mℓ

紅味噌（八丁味噌等）⋯⋯30g
核桃（烤過，無鹽）⋯⋯60g

前置作業

- 將核桃用手剝成大塊。
- 將烘焙紙剪成長度35～40cm的2片。

a

b

1 以和基本款酥脆系麵包的1和2相同的方法（參照p.67～68的1～4）製作。麵糰成糰之後，分取100g至另一個調理碗裡，加入味噌攪拌。調理碗各別上蓋，放在室溫約1小時（冬天的話1小時30分鐘），再放入冰箱冷藏10～24小時，進行一次發酵（夏天的話，可以放入冰箱冷藏16～24小時，不需要放在室溫，直接放入冰箱冷藏為佳）。

2 基本款麵糰膨脹至2倍左右即代表一次發酵完成（a，味噌麵糰的發酵狀態不佳，請以基本款麵糰為標準）。在麵糰和工作台撒上麵粉，再將麵糰放在工作台上。刮板撒粉，將味噌麵糰分切成4等份。在自然攤開的基本款麵糰撒上一半份量的核桃，在兩處放上1/4份量的味噌麵糰（b）。刮板撒粉，將麵糰摺三摺（參照p.75的a）。將麵糰轉向90度，輕壓延展開，撒上剩下的核桃，放上剩下的味噌麵糰，同樣地摺三摺（參照p.75的b）。

3 刮板撒粉，分切成2等份。手撒粉，用刮板將麵糰翻面，插入四角整成圓形。

4 將麵糰放在烘焙紙的中間，烘焙紙的上下邊往外側摺3cm，再將前後側的邊角對齊扭緊，再將麵糰鬆鬆地包起來。放入烤盤，在烤盤兩處放上裝著溫水的耐熱杯，整體鬆鬆地覆蓋上保鮮膜。接著，使用烤箱發酵功能，以35～40°C發酵40～50分鐘。

5 取出烤盤，麵糰膨脹一圈即代表二次發酵完成。將烤盤放入烤箱裡以250°C預熱。在麵糰撒上適量的法國麵包專用麵粉，劃出一道切口，噴上水氣。取出烤盤放入麵糰，將預熱過的烤箱調降成230°C，烘烤15分鐘。將烘焙紙扭緊部分解開（小心燙傷），再烘烤5分鐘至整體上色為止。

搭配麵包
前菜
基本上只需要攪拌即可。
可以輕鬆完成正統風味的
3種抹醬

鷹嘴豆泥

芥末奶油

芥末奶油

材料 方便製作的份量

酸奶油 90g
芥末醬 2小匙
鹽 適量

作法
將所有的材料放入容器裡充分攪拌。

鷹嘴豆泥

材料　方便製作的份量

水煮鷹嘴豆（市售）……100g
優格（無糖）……$1\frac{1}{2}$大匙
白芝麻醬……1大匙
橄欖油……1大匙
檸檬汁……$\frac{1}{2}$小匙
鹽……$\frac{1}{4}$小匙
孜然……$\frac{1}{4}$小匙
芫荽籽……$\frac{1}{4}$小匙
蒜泥……少許

作法

將所有材料放入食物調理機，攪拌至滑順的狀態為止。盛盤，依照個人喜好淋上橄欖油。

罐頭牛肉醬

材料　方便製作的份量

牛肉罐頭……1罐（80g）
馬斯卡彭起司……50g
酸豆（切碎）……1小匙
醃黃瓜（切碎）……5g
薄荷（切末）……少許
胡椒……少許
裝飾用薄荷……適量

作法

將裝飾用薄荷以外的材料放入調理碗裡，充分攪拌混合。盛盤，用薄荷裝飾。

醃漬蕪菁沙拉

搭配麵包
晚餐
浸泡在料理裡的麵包也很美味，
和法式濃湯、
醃漬蕪菁沙拉一起吃，
清爽的組合。

醃漬蕪菁沙拉

材料 2人份
蕪菁（任何種類都可以）……合計300g
芹菜……1根

醃漬液
- 橄欖油……100mℓ
- 白酒醋……30mℓ
- 檸檬汁……1大匙
- 砂糖……2小匙
- 鹽……1小匙
- 芫荽籽（如果有的話）……½小匙

沙拉嫩葉……適量

1 將蕪菁帶皮切成容易食用的半月形或是銀杏狀。芹菜切成寬度1㎝。

2 將醃漬液的材料放入鍋裡，開中火，沸騰之後加入1煮1分鐘。熄火，靜置冷卻。盛盤，放上沙拉嫩葉。

雞肉蘑菇法式濃湯（Fricassée）

材料 2～3人份
雞腿肉……2片（500g）
褐色蘑菇（切片）……150g
木耳（或是個人喜好的菇類）……150g
蒜頭……1瓣
橄欖油……½小匙
白酒……70mℓ
鮮奶油……200mℓ
鹽……不滿1小匙
義大利香芹葉……適量
現磨黑胡椒……適量

1 將木耳剝散。蒜頭用菜刀壓扁。雞肉切成4～5㎝的塊狀。

2 將橄欖油倒入平底鍋，開中火，雞皮朝下放入雞肉，開大火煎至焦香。用廚房紙巾擦掉平底鍋裡的油脂，放入菇類和蒜頭，撒鹽拌炒。菇類炒到軟化之後，加入白酒，沸騰之後調成小火，上蓋蒸煮5分鐘。

3 加入鮮奶油，煮3～4分鐘至出現濃稠度為止。盛盤，撒上義大利香芹葉以及胡椒。

雞肉蘑菇法式濃湯

在家用麵包做開放式三明治

基本款酥脆系麵包（p.66）最適合做成開放式三明治。麵包的配料或是要不要烤可以根據自己的喜好調整。

炒蛋

在雞蛋裡加入鮮奶油，做成鬆軟的炒蛋。
小香蔥換成個人喜好的香草也 OK。

材料　2片份

雞蛋……2顆
鮮奶油（或是牛奶）……4大匙
鹽、胡椒……各適量
小香蔥（或是珠蔥）切碎……1小匙
奶油……1大匙
基本款酥脆系麵包（切薄片）……2片

1. 將雞蛋打入調理碗，用叉子以切拌的方式攪拌蛋白。加入鮮奶油、鹽、胡椒、小香蔥攪拌。
2. 將奶油放入平底鍋裡，開中火，全部的奶油融化之後，倒入1。用筷子一邊攪拌一邊加熱，半熟之後取出，在每片麵包鋪上各一半的份量。

酪梨堅果

將酪梨壓碎和鹽混合，做成簡單的開放式三明治。
麵包烤過也很適合。

材料　2片份

酪梨……1顆
鹽……少許
綜合堅果……2小匙
辣椒粉（或是卡宴辣椒粉）……少許
基本款酥脆系麵包（切薄片）……2片

1. 將酪梨略切塊後放入容器，用叉子壓碎，加入鹽攪拌。
2. 在每片麵包各塗上一半份量的1，撒上一半份量略切過的堅果以及辣椒粉。依照個人喜好淋上橄欖油。

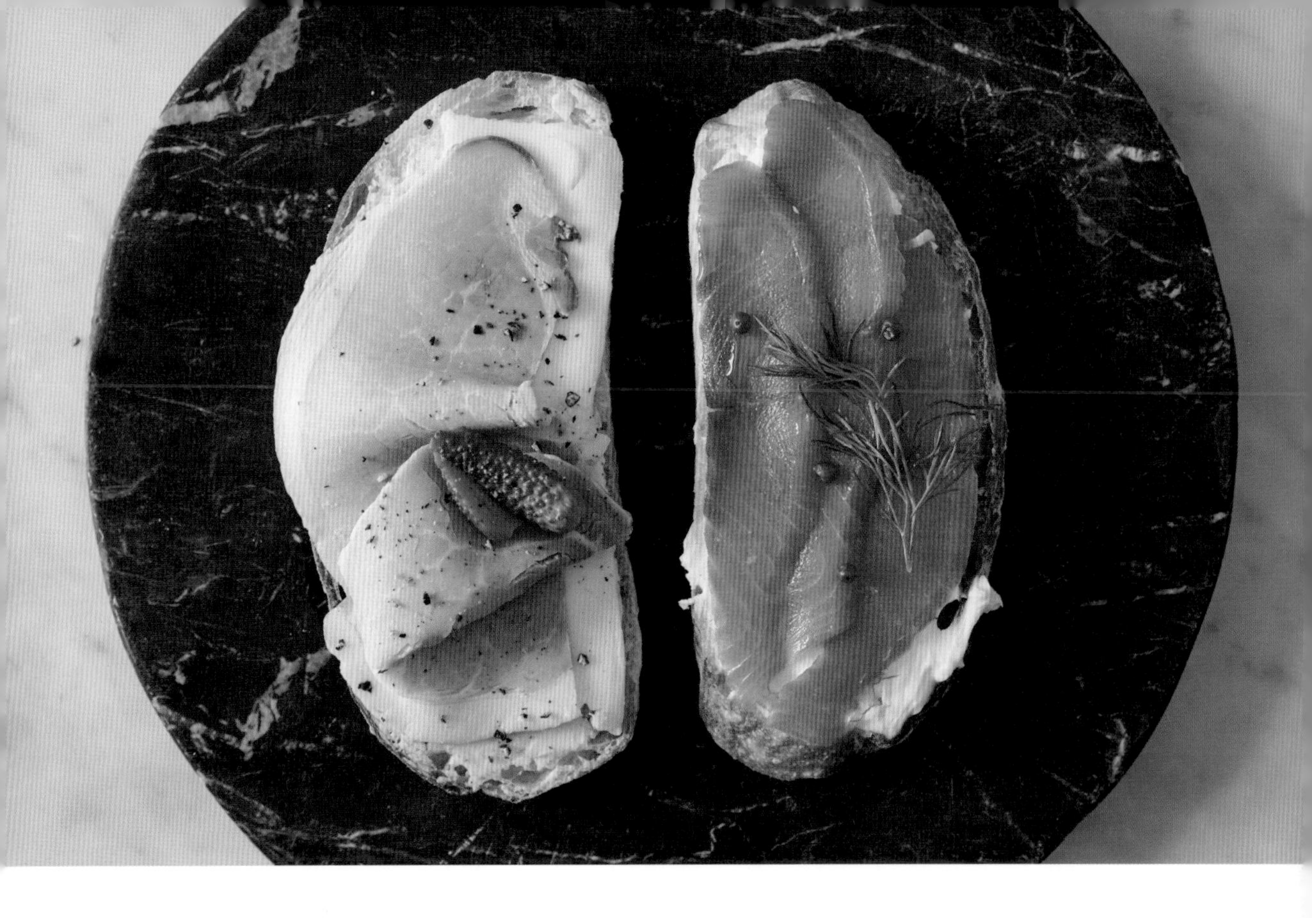

Casse-croûte火腿

使用法國麵包做成法式三明治。
塗上大量、厚厚的有鹽奶油是重點。

材料　2片份
腿肉火腿（或是里肌火腿）……2片
醃小黃瓜……2根
奶油（回復至室溫）……3大匙
現磨黑胡椒……少許
基本款酥脆系麵包（切薄片）……2片

1　火腿如果太大片對半切。醃小黃瓜直向對半切。
2　在麵包塗上等量的奶油，放入1片火腿和2片醃黃瓜，撒上胡椒。

鮭魚奶油起司

奶油起司以及煙燻鮭魚，和蒔蘿是不會出錯的組合。
粉紅胡椒則畫龍點睛。

材料　2片份
煙燻鮭魚……4～6片
奶油起司（回復至室溫）……4大匙
蒔蘿……少許
粉紅胡椒……少許
基本款酥脆系麵包（切薄片）……2片

將麵包塗上等量的奶油起司，再放上2～3片的煙燻鮭魚，最後放上蒔蘿和粉紅胡椒。

醃漬白肉魚

柴漬的鹽味和帶著微微香氣的魚露
很適合搭配清爽的白肉魚。

材料　2片份

白肉魚生魚片（薄切片，這裡用的是鯛魚）……80g
酢橘……1顆
A
- 柴漬（切碎）……2小匙
- 橄欖油……2小匙
- 魚露……$1/2$小匙

小黃瓜（切圓薄片）……16片
豆苗……適量
基本款酥脆系麵包（切薄片）（烤過）……2片

1. 將酢橘放在調理碗裡榨汁（去皮），加入**A**的材料攪拌，再加入生魚片攪拌。
2. 在麵包排上8片的黃瓜，再放上各一半份量的1和豆苗，撒上少許的酢橘皮碎。

羅勒章魚

章魚以及羅勒，和紅酒很適合一起享用。
也可以做成切成一口大小的下酒菜肉串（Pincho）。

材料　2片份

A
- 水煮章魚腳（切成1cm方塊）……100g
- 羅勒葉（略切）……3g
- 松子（烤過）……$1/2$小匙
- 橄欖油……1大匙
- 蒜泥……少許
- 鹽……少許

水果番茄（或小番茄）……橫切$1/2$顆
裝飾用羅勒葉……4片
基本款酥脆系麵包（切薄片）（烤過）……2片

1. 將**A**的材料放入調理碗裡混合。將番茄切成6片厚度4～5㎜的圓切片。
2. 在麵包放上3片番茄，再放上一半份量1的**A**和裝飾用的羅勒葉。

烤牛肉

為了襯托烤牛肉的風味，
芥末奶油是重點。

材料　2片份

烤牛肉（市售）……4片（40g）
芥末奶油（參照p.98）……3大匙
櫻桃蘿蔔（切薄片）……小2顆
蘑菇（切薄片）……小2顆
芝麻葉……適量
橄欖油……適量
現磨黑胡椒……少許
基本款酥脆系麵包（切薄片）（烤過）……2片

將麵包塗上等量的芥末奶油，再放上一半份量的櫻桃蘿蔔和蘑菇。放上2片烤牛肉，用芝麻葉裝飾。淋上橄欖油，撒上黑胡椒。

生火腿醃紫高麗菜

放上大量的紫高麗菜和奶油。
醃漬葡萄乾的甜味成為整體的亮點。

材料　2片份

生火腿……2～3片
醃紫高麗菜
　紫高麗菜絲（用放入少許醋的熱水稍微燙過，擰乾水分）……80g
　葡萄乾……10g
　A［橄欖油……$\frac{1}{2}$大匙
　　白酒醋……1小匙
　　蜂蜜……$\frac{1}{2}$小匙　鹽……1小撮
奶油（回復至室溫）……2大匙
現磨黑胡椒……少許
基本款酥脆系麵包（切薄片）（烤過）……2片

1　製作醃紫高麗菜。將**A**的材料放入調理碗混合，加入紫高麗菜和葡萄乾攪拌。
2　將麵包塗上厚厚的奶油，再鋪上一半份量的1，一半份量的生火腿，撒上黑胡椒。

完美運用麵包的美味點子

不到需要冷凍程度的份量，只剩下一點點的麵包。
這個時候，不只可以直接復熱食用，延伸做成另一道料理，可以享受不同層次的美味。

・・使用鬆軟系麵包製作的甜甜圈・・

為了讓裡面可以確實加熱，將撕下的麵包油炸，撒上砂糖。
當然可以使用基本款的鬆軟系麵包（p.12），紅豆麵包（p.28）和咖啡黑糖麵包（p.46）也很推薦。變硬的麵包比較不會吸油，這個情況下的麵包最適合做成甜甜圈。

材料　方便製作的份量

基本款鬆軟系麵包……適量
炸油……適量
砂糖……適量

1 將手撕麵包撕成一塊一塊（或是大一點）。如果使用的是紅豆麵包，需要取下容易燒焦的鹽漬櫻花。

2 將平底鍋倒入1cm左右深度的炸油，加熱至中溫（170°C），放入麵包用筷子轉動，油炸。表面變色之後取出，瀝乾油分。趁溫熱撒上砂糖。

・・使用酥脆系麵包製作的麵包丁沙拉（Panzanella）・・

為了讓變硬的麵包也能美味，
做成義大利托斯卡納地區放入麵包的沙拉。
用基本款酥脆系麵包（p.66）製作最為推薦。

材料　2人份

基本款酥脆系麵包（切薄片）……2片（50g）
紫洋蔥（切薄片）……30g
小黃瓜……1條
番茄（切塊）……1顆
鹽……適量
紅酒醋（或是白酒醋）……1 1/2大匙
橄欖油……4大匙
羅勒……少許

1　將紫洋蔥放入調理碗，加入少許的鹽、1小匙紅酒醋（份量外）靜置。麵包變得很硬的話，可以泡水再擰乾。

2　將小黃瓜隨意削皮切塊。將番茄和小黃瓜放入另一個調理碗，撒上少許的鹽。加入紅酒醋大略攪拌，再加入撕成一口大小的麵包攪拌。加入1的紫洋蔥，盛盤，淋上橄欖油，撒上羅勒。

關於麵包製作 Q&A

Q 如果手邊的烤箱沒有發酵功能，像一次發酵那樣，二次發酵放在室溫也可以嗎？

A 麵包的發酵放在室溫也可以。時間的標準是鬆軟系麵包夏天40分鐘～1小時，冬天是1小時～1小時30分鐘，酥脆系麵包夏天是1小時左右，冬天是1小時30分鐘左右。但是，只根據時間無法判斷，請根據麵糰膨脹的程度判斷發酵狀態。使用烤箱發酵功能的時候也一樣。

Q 如果調理碗沒有蓋子，用保鮮膜可以嗎？

A 使用保鮮膜當然也可以，推薦可以反覆操作、觀察麵糰狀態的透明浴帽。在百圓商店一次可以入手好幾個，請務必試用看看。

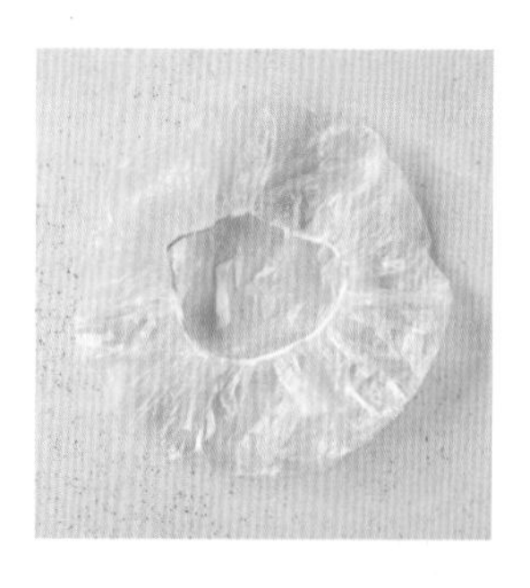

Q 麵糰放入冰箱冷藏進行一次發酵，如果超過24小時以上，這個麵糰就不能使用了嗎？此外，即使發酵時間在24小時以內，過度發酵的麵糰該怎麼辦呢？

A 雖然標準為24小時，請試著確認麵糰的狀態（參照p.15的5、p.68的4）。過度發酵的話，烘烤過後會有發酵的臭味、出現酸味、無法充分膨脹的問題，沒辦法烤出美味的麵包。這個時候，放棄做成預定的麵包，如果是鬆軟系麵包的麵糰切成一口大小油炸，裹上砂糖做成甜甜圈。酥脆系麵包麵糰的話，擀成薄片，放入食材，做成比薩就能美味享用。

「不管做幾次，還是都失敗」
不只是「這樣算失敗吧？」如此單純的疑問，
還有手作麵包的美味秘訣，解決麵包製作相關的點滴瑣事。

Q 經過一次發酵的鬆軟系麵包麵糰，產生黏性無法成糰，有什麼訣竅解決嗎？

A 分割花了太多時間，導致麵糰散開。這個時候，請再次放回冰箱冷藏。放入麵糰的奶油等油脂遇冷會凝固，降低黏性，容易成糰。如果麵糰產生黏性，無法成糰，在工作台上按壓揉圓的作業（p.16的7）就無法操作，無法順利地發酵膨脹，請特別留意。將工作台和麵糰、手都撒上大量的麵粉，可以發揮效果。即使這麼做還是有黏性的話，說不定是水分含量太多。根據季節或溫度，麵糰的狀態會改變，下一次製作麵糰的時候，請試著調整水（牛奶等）的份量。

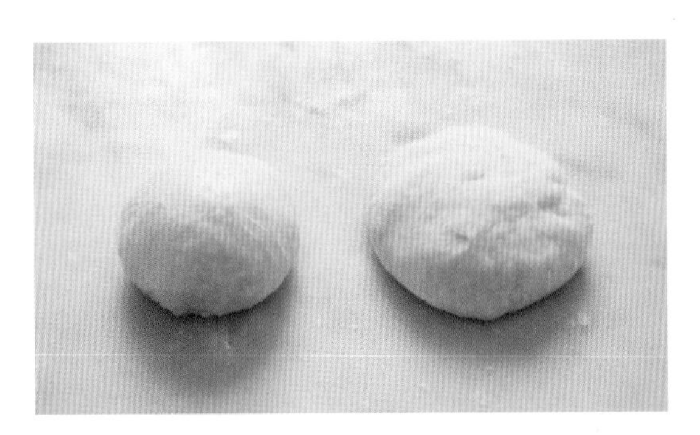

根據麵糰的狀態，成形會有所差異。左邊是表面具有張力，膨脹出高度的成功例子。右邊是表面不光滑，麵糰平攤的失敗例子。

Q 酥脆系麵包的表面切口，一定需要嗎？沒有麵包割刀的話，可以怎麼做呢？

A 因為酥脆系麵包沒有油脂含量，麵糰不容易延展，直接烘烤麵糰容易裂開。為了防止這種狀況發生，劃出切口就能解決這個問題。即使沒有麵包割刀，鋒利的菜刀、剃刀、廚房用剪刀等代用也可以。

Q 烤盤只放得下一片整形完成的麵糰的話，怎麼辦呢？

A 鬆軟系麵包根據成形的尺寸，烤盤只放得下一片。這個時候，想要一次烘烤2片的話，為了不烤出斑紋，以烘烤時間的一半為標準，將烤盤上下和前後交換。以烤盤烘烤1片的話，將一半份量的麵糰放在接近烤盤寬度相近尺寸的砧板，到二次發酵為止的步驟都同時進行。放在烤盤上的麵糰先烘烤，剩下的麵糰先放入冰箱冷藏（冬天的話放在室溫OK），之後再移至烤盤以相同方式烘烤。

Q 材料的麵粉種類廠牌一定要完全一樣嗎？

A 麵粉即使研磨方式一樣，根據名稱不同，風味或是蛋白質含量也不同，各有特色。如果是相同名稱的麵粉，膨脹度和風味可以重現相同的味道，初次製作的話，希望可以用書裡標示的種類。使用不同種類的麵粉，請選用和包裝標示蛋白質含量一樣的種類。此外，使用本書裡介紹的麵粉，以相同的麵粉製作2種麵糰時，鬆軟系麵包的麵粉全量換成LYS D'OR。請注意麵糰容易沾黏，以及可能會烤出口感比較硬的麵包。酥脆系麵包以dolce和camelia兩種麵粉製作的時候，請以camelia和dolce8：2的比例，邊調整水的份量製作。

基本工具

介紹本書使用的基本工具。請當成選用時的參考。

電子秤

用來計量水分以外的材料，用刮板分切鬆軟系麵包麵糰時也會使用。推薦使用可以計量微量以1g 為單位的款式。

附蓋調理碗

使用塑膠製。讓發酵中的麵糰可以膨脹，選用容量1900㎖左右的調理碗。雖然附蓋很方便，用保鮮膜蓋上，或是用保存容器代用也可以。

攪拌匙和刮板（刮刀）

攪拌匙如果有大小2個尺寸會很方便。刮板用輕巧方便使用的塑膠製。（TC 矽膠攪拌匙〈大〉〈小〉、TCP 刮板 / cotta）

烘焙紙和保鮮膜

烘焙紙不只可以鋪進烤盤，也可以做成簡易的烤模使用。保鮮膜則用在防止二次發酵時麵糰乾燥。都使用寬度30㎝左右的款式。

噴水器

用在麵糰快要乾燥時，放上表面配料時，酥脆系麵包烘烤快要完成前，以及復熱麵包時。百圓商店可以入手的商品即可。

毛刷

用在鬆軟系麵包的光澤感或是塗上橄欖油時很方便。使用毛尖柔軟，方便清洗使用的矽膠製。（灰色矽膠毛刷 /cotta）

糖粉過篩器或是濾網

撒上手粉或是麵糰表面的麵粉時使用。為了篩出均勻漂亮的麵粉，盡可能選用網目比較細的濾網。（TC 糖粉篩 /cotta）

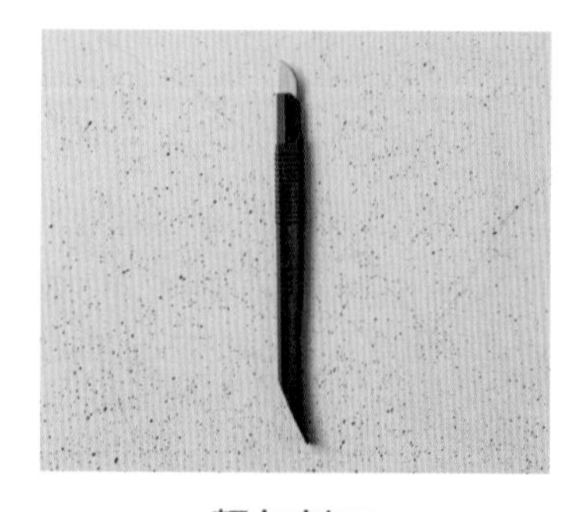

麵包割刀

用在酥脆系麵包表面切口的專屬用刀。如果有一把專用的刀，可以派上很大的用場。（麵包割刀 /cotta）

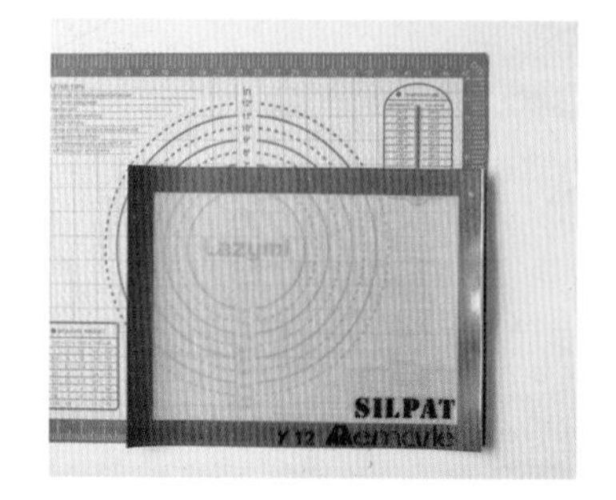

製菓墊和矽膠墊

用在不想將麵糰直接放在工作台上時很方便。矽膠墊也可以放入烤箱烘烤。

基本材料

兩種麵糰使用的基本材料。麵粉可以在網路商店或是烘焙材料行入手。

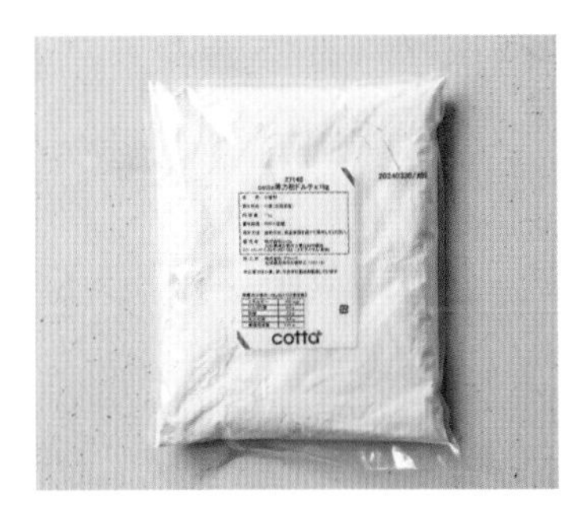

低筋麵粉

用來做點心的低筋麵粉「dolce」。和高筋麵粉相比，蛋白質含量比較少，製作鬆軟系麵包的麵糰和高筋麵粉一起使用。（低筋麵粉 dolce/cotta）

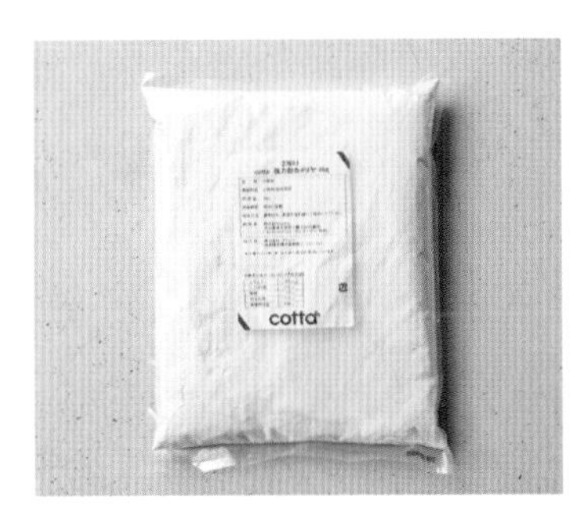

高筋麵粉

在超市也可以入手，使用高筋麵粉「camelia」。蛋白質含量多，製作鬆軟系麵包時，和低筋麵粉混合使用。（高筋麵粉camelia/cotta）

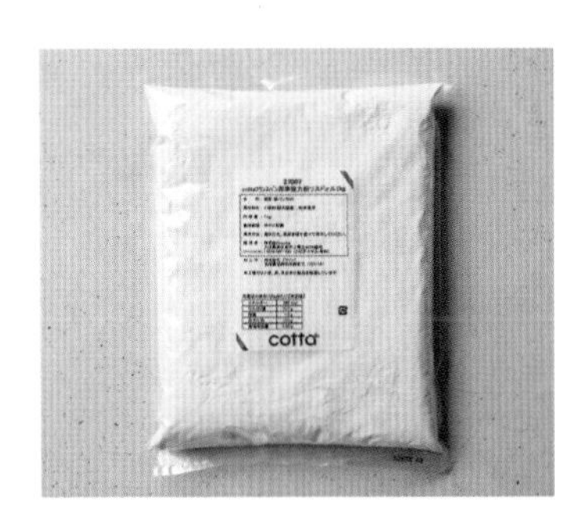

法國麵包專用麵粉

酥脆系麵包使用的法國麵包專用麵粉「LYS D'OR」。可以烤出像法國麵包一樣外側酥脆的質感。（法國麵包專用麵粉 LYS D'OR/cotta）

快速乾式酵母

讓麵糰膨脹的材料。使用「Saf-instant紅標」。如果是3g1包的包裝，鬆軟系麵包麵糰一次可以用完很方便。

鹽

兩種麵糰都有加入的材料。最大的目的是加入鹹味，也能做出麵糰的筋性。使用可以感受到甜味非精製的「Guérande的鹽・細顆粒」。

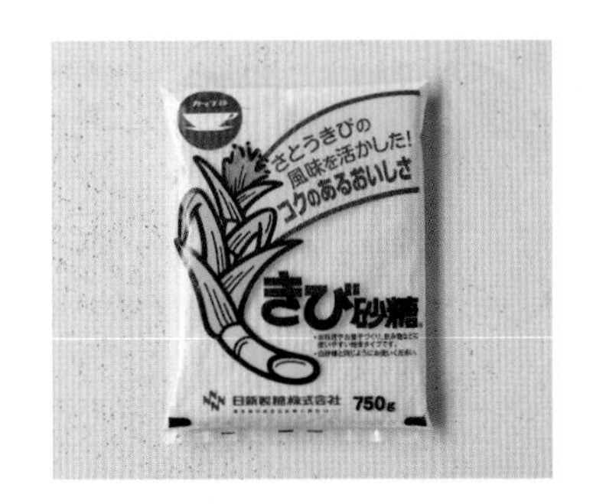

蔗糖

用在麵包製作，不只是增加甜味，也具有保濕效果以及促進酵母的化學變化，兩種麵糰都可以加入。麵糰主要使用具有風味的蔗糖。

牛奶

當成鬆軟系麵包的水分加入。想要做出牛奶風味豐富的麵糰，烘烤出的麵包顏色比較深也是特徵。使用成分無調整的牛奶。

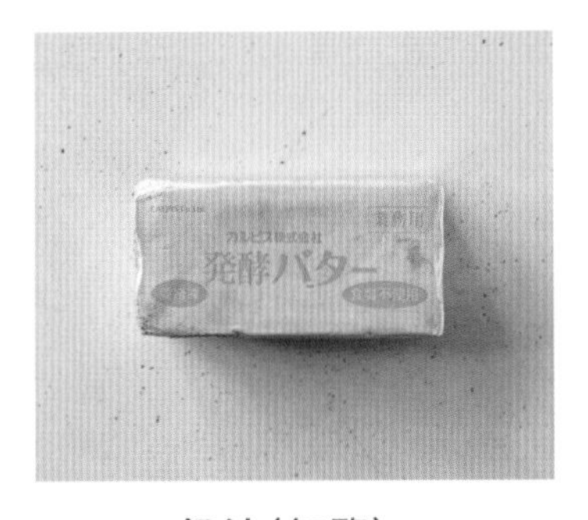

奶油（無鹽）

當成鬆軟系麵包的油分加入，讓麵糰容易延展，做出份量感。使用不會影響風味的無鹽奶油。

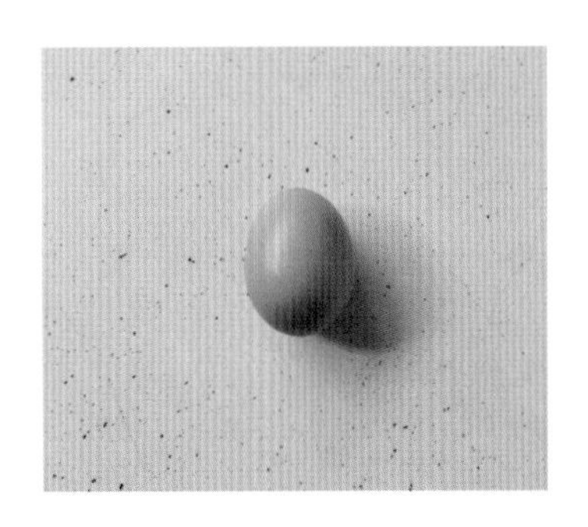

雞蛋

將1顆M尺寸雞蛋（58～64g）打散，分成鬆軟系麵包麵糰用（35g）和做出光澤感用（剩下的20g左右）。

攝影協力/cotta（https://www.cotta.jp）

新手OK！若山曜子的麵包烘焙時光

學會2種麵糰，做出無限變化的鬆軟系麵包和酥脆系麵包

作　　者｜若山曜子
譯　　者｜J.J.CHIEN（男子製本所）
企劃編輯｜黃文慧
責任編輯｜J.J.CHIEN（男子製本所）
裝幀設計｜J.J.CHIEN（男子製本所）
校　　對｜呂佳真

出　　版｜晴好出版事業有限公司
總 編 輯｜黃文慧
副總編輯｜鍾宜君
編　　輯｜胡雯琳
行銷企劃｜吳孟蓉
地　　址｜231023新北市新店區民權路108-4號5樓
網　　址｜https://www.facebook.com/QinghaoBook
電子信箱｜Qinghaobook@gmail.com
電　　話｜(02) 2516-6892
傳　　真｜(02) 2516-6891

發　　行｜遠足文化事業股份有限公司(讀書共和國出版集團)
地　　址｜231023新北市新店區民權路108-2號9樓
電　　話｜(02) 2218-1417
傳　　真｜(02) 2218-1142
電子信箱｜service@bookrep.com.tw
郵政帳號｜19504465（戶名：遠足文化事業股份有限公司）
客服電話｜0800-221-029
團體訂購｜02-2218-1717 分機1124
網　　址｜www.bookrep.com.tw
法律顧問｜華洋法律事務所／蘇文生律師
印　　製｜凱林印刷
初版一刷｜2024年12月
定　　價｜380元
I S B N｜978-626-7528-45-7
EISBN(PDF)｜978-626-7528-26-6
ISBN(EPUB)｜978-626-7528-27-3

日文版製作團隊
裝幀設計　渡部浩美
攝　　影　福尾美雪
食物造型　佐々木カナコ
調理助理　小西邦重
池田愛実
栗田早苗
菅田香澄
岡島百合香
藤本早苗
校　　對　根津桂子
新居智子
編　　輯　守屋かおる
中野さなえ（KADOKAWA）
攝影協力　cotta
https://www.cotta.jp
UTUWA　☎03-6447-0070

國家圖書館出版品預行編目(CIP)資料

新手OK！若山曜子的麵包烘焙時光/若山曜子作；J. J. Chien譯. -- 初版. -- 臺北市：晴好出版事業有限公司出版；新北市：遠足文化事業股份有限公司發行, 2024.12

112面；19×26公分

ISBN 978-626-7528-45-7(平裝)
1.CST: 麵包 2.CST: 點心食譜
427.16　　113016138